KB232798

竹島紀事

죽도기사 1-3

竹島紀事

죽도기사 1-3

권오엽 · 오오니시 토시테루 편역주

KISI 한국학술정보㈜

竹嶋記事　一

목차

　　　[참고사항]

정사의 파견(49), 기사환국(77), 제2차 교섭의 시작(218), 경신대출척(218), 갑술옥사(246), 접위관(255), 홍중하(255), 유집일(256), 남인과 서인(280), 민암(281), 남구만(282), 남인(284), 서인(286), 조선의 정권 교대(346), 장희빈과 울릉도와 독도(378)

일본고문서와 독도

한양여자대학교 총장 柳吉東

권오엽 교수는 정년퇴임 후 요즈음 일본 고문서를 읽고 해석하고 정리하는 일에 온 힘을 쏟고 있다. 그의 서재에 가 본 적은 없지만 그 사실을 벌써 몇 권째 보내오는 '권오엽 편주'의 책을 보면 나는 알 수 있다. 사실 권 교수를 일본 고문서 편주서 발간이나 독도 연구와 관련시켜 상상하기 어려운 시절부터 선배님처럼, 형님처럼 생각하며 지내온 나는 책을 받아 조금씩 읽어 보거나, 권 교수를 만나서 독도에 대한 이야기를 들을 때 실감이 나지 않는다. 우리의 만남은 1967년 서울교육대학에서 한 해 선후배로 만났다. 권 선배는 등산부를 이끌었고 대학 학보에 만화를 그렸다. 그때는 지방 출신 학생들이 대부분 그랬듯이 입주 가정교사로 생활을 해결하며 근근이 학업을 이어가는 나로서는 함께 활동하지는 못했지만 참 대단하신 분이구나 라고 생각하고 있었다. 나중에 일본에서 활동하며 재일동포 교육과 더불어 태권도장을 열어 일본에 태권도의 우수성을 알린 일, 만화를 그려서 전시회를 열고 책으로 발간한 것을 보면 대단한 분이라는 나의 생각은 틀리지 않았다.

우리의 인연은 졸업 후 같은 학교에서 근무하는 상황으로까지 이어졌으나 나의 군 입대로 직장생활을 함께 하는 시간은 짧게 끝났다. 그러나 그로부터 10년이 지난 어느 날 저녁 서대문 우체국 뒤 분식집에서 우연히 앞뒤로 앉았다가 반갑게 재회하였다. 야간 대학인 국제대학 일어일문과 나는 2학년, 그는 3학년이었다. 역시 선배였다. 두

"

사람 모두 교사, 학생, 아버지라는 '스리잡(three jobs) 인생'인지라 첫 시간 수업에 늦지 않기 위해서는 자장면을 5분 이내에 먹어 치워야 하는 바로 그 분식집에서 가끔 얼굴을 보는 정도였다.

세월은 우리를 졸업시켰고 선배는 정부의 해외 파견교사로 일본에 갔다. 얼마나 부러운지 역시 선배는 다르다고 생각했다. 일본 혹카이 도 아바시리 역에서 쿠시로 교육원장인 권 교수를 만난 건 1983년 새 해 첫날이었다. 나는 일본 정부초청 교원연수유학생으로 오사카에서 공부할 기회를 갖게 되었고 겨울 방학을 이용하여 선배가 근무하는 북해도 여행을 갔던 것이다. 숙식은 물론 관광까지 준비해 준 선배의 배려로 겨울의 북해도를 만끽하는 여행이었다. 오사카로 돌아가기 위 해 역으로 들어서는 내 주머니에 용돈을 넣어주며 작별을 아쉬워하 던 모습은 잊어지지 않는 우리 둘만의 추억이다. 권 교수는 그 바쁜 가운데도 혹카이도 대학에서 대학원을 다니고 귀국하여 충남대학교 교수가 되었다. 일본에서의 생생한 체험담과 함께 학생들에게 살아 있는 강의를 하는 모습은 상상만으로도 멋진 모습이었다. 그 후 나도 대학에서 일본어를 가르치게 되었고 작년 이맘때 권 교수의 정년을 앞두고 마지막 강의실에 함께 참여하는 영광을 누리기도 하였다.

권 교수와의 개인적인 인연을 길게 적은 것은 그의 최근의 연구와 저술활동에 감동하고 감사하고 자랑스럽기 때문이다. 대학 교수는 학 자로서 자신의 연구 분야를 공부한 결과를 논문으로 남김으로써 학 문의 길을 걷고 그 연구한 바를 다음 세대에 전하는 교육의 임무를 수행하는 사람이다. 권 선배는 재직 중은 물론 이제 퇴임을 하였으니 조금은 느린 속도로 살아도 되련만 끊임없이 학자의 길을 가니 우리 에게 더욱 큰 자극으로 다가온다. 이 글을 쓰는 동안 모든 신문에는

병인양요 때 약탈당한 외규장각 도서 297권을 파리의 프랑스 국립도
서관에서 발견하고 10년에 걸쳐 서지를 완성함으로써 145년 만에 우
리나라로 반환하게 한 박병선 박사의 이야기가 실려 있다. 일본의 식
민지 지배를 받은 우리나라는 유감스럽게도 귀중한 문화재가 일본으
로 다수 유출된 사실을 생각하면 일본의 고문서를 연구하여 우리 문
화재의 소재를 확인하고 그 가치를 증명하는 일을 게을리할 수 없다
는 생각을 더욱 강하게 하게 된다. 이런 의미에서 권 교수의 연구는
소중한 것이며 일본 관련된 연구를 하는 모든 학자에게 자극이 되는
바가 크다고 할 것이다. 그의 연구는 독도에 관한 일본인의 연구나
주장을 근거로 반박하는 일반적인 방식이 아니라 일본의 고문서를
있는 그대로 읽음으로써 독도에 관한 바른 해석을 이끌어 내어 어느
쪽에도 치우치지 않는 학자적인 관점에서 이루어지고 있기에 더욱
가치가 있다. 그리고 결국은 독도가 우리의 것임을 일본인 스스로가
그것이 사실임을 문서를 통하여 말하고 있다는 것을 증명해내기에
더욱 뜻깊은 것이다. 자신이 하고자 하는 일에 뚜렷한 가치 의식을
갖고 절실한 필요성을 느낄 때 그 일에는 진정한 힘이 실리는 것 같
다. 권 교수는 그의 저서 『독도와 안용복』(2009, 충남대학교 출판부)
의 서문에서 독도에 관한 연구의 필요성을 "일본의 틀린 주장을 접하
고도, 독도에 자존심을 걸고 절규하는 국민들이 있음에도, 문제를 해
결하는 논리추구에 참가하지 않는 전문가를 보면, 쳐들어오는 왜적을
보고 성안에 숨어 물러나기만을 기다렸던 지도자들을 보는 것 같다"
라고 적고 있다. 대한민국 국민으로서 학자로서 진실을 밝혀 세상의
역사적 사실을 바르게 정리해야 한다는 절실함이 그의 마음에 있음
을 알 수 있다. 일본 학자의 연구 결과나 주장을 재활용하여 독도 문

제를 논하는 현상에 대한 문제의식이 권 교수로 하여금 독도에 관한 일본의 고문서를 연구하고 바르게 해석하게끔 한 것이다. 그의 박사 학위 논문이 우리나라를 비롯하여 중국, 일본의 역사 해석에 큰 의미를 갖는, 광개토왕비문에 대한 연구가, 그가 동경대학에 제출한 논문이었음은, 그가 '독도'를 절실한 진실 해명의 대상으로 삼고 있음이 우연이 아님을 알 수 있다. 사실 일본 어문학을 전공한 사람이 이와 같은 한국과 일본 간에 민감한 사항인 영토 문제를 주제로 연구하고 논문을 발표하는 일은 쉬운 일이 아니다. 그래서 흔치 않은 일이기도 하다. 하지만 권 교수의 말처럼 학자로서 절실한 욕구이기에 묵묵히 연구하고 결과를 책으로 펴내고 있는 것이다. 권 교수는 한국과 일본을 대표하는 역사서에도 매우 깊은 관심과 지식을 갖고 있으며 그의 독도 연구의 뿌리도 그로부터 연유하고 있음에 틀림없다. 권 교수의 긴 역사적 안목과 폭넓은 학문적인 탐구심이 오늘의 '독도' 연구와 고문서 탐독의 결과를 가져온 것이리라. 지하의 안용복이 자신에 대한 기록이 후세 정당하게 평가받고 해석되는 것을 기뻐할 것이다. 독도가 대한민국의 영토로 실질적인 지배가 이루어지고 있지만 국제적인 시각에서는 일본의 주장을 담은 연구 결과나 자료가 우리의 주장과 동시에 존재할 수 있기에 더욱 체계적인 학문적 근거가 필요한 시점이다. 권 교수는 차후로도 계속하여 일본의 고문서를 중심으로 독도가 우리의 영토임을 증명하는 역사적인 증거를 찾아 갈 것이다.

요즈음 일본은 지난 3얼 11일의 대지진과 쓰나미, 그리고 원자력발전소 사고로 인하여 참으로 어수선한 모습이다. 일본은 이웃나라로 국경을 맞대고 있기에 독도를 둘러싼 영토의 시비가 있는 것처럼 서로의 행복도 불행도 연관성을 갖고 있는 나라이다. 빠른 회복과 안정을 진심으로 기원하는 미음이다. 자연 앞에 무력한 우리의 모습을 보면서 사람의 힘으로 해결할 수 있는 일이라면 객관적인 자료를 바탕으로 현명한 판단을 하여 함께 살아가는 것이 좋음을 새삼스럽게 절감한다. 일본이 독도를 자기의 영토라고 주장하는 것은 그들의 우리나라에 대한 부당한 식민지 지배에서 비롯된 것이기에 정당성을 갖지 못한다. 또한 권 교수의 일본 고문서 읽기는 바로 그 점을 지적하기 위한 학문적 고찰이다. 앞으로 계속될 권 교수의 독도 관련 고문서 읽기의 결과를 여러분과 함께 기대를 갖고 기다리고 있다. 건강에 주의하며 즐거운 저술 활동에 임해 주실 것을 기대한다. 다시 한 번 권 선배의 학문적인 성취에 경의를 표하며 대한민국 국민의 한 사람으로 감사의 뜻을 전하는 바이다.

2011년 6월 21일
한양여자대학교 총장 유길동

편주역자의 서문

권오엽

『죽도기사』를 소개하는 작업을 하면서 많은 생각을 하게 되는데, 두 가지가 특별하다. 하나는 같이 작업을 하는 오오니시 토시테루 선생님(이하 오오니시)의 능력에 대한 존경심과 정보를 공유하는 공간을 준비하는 봉사정신에 대한 고마움이다. 또 하나는 역사를 주도하는 것으로 착각하며 살아가는 자들에 대한 분노이다.

이 같은 자료가 지금까지 왜 소개되지 않은 것을 생각하면, 일본어를 학문의 도구로 삼았던 선배들이 미워진다. 내용이 어려워서였을까, 필요를 느끼지 않았던 것일까. 생략이 많은 것이 고문서의 특색이라는데 이것은 더 심한 것 같다. 누가 읽어도 해독이 어려울 것 같다. 그런데 오오니시는 이것을 막힘 없이 해독해 냈다. 흐름이 막힐 것 같은 부분도 잘 연결하고 있다. 「문자를 좋아 한다」고 버릇처럼 말하는 의미를 알 것 같다.

이런 작업을 일반 학자들은 싫어한다. 보다 많은 시간을 투자하고 많은 사람의 의견을 수렴하는 과정을 거치려 한다. 그런 자들은 오오니시와 나의 작업을 인정하고 싶지 않을지도 모른다. 그러나 우리가 그것을 의식했다면, 본 자료는 영원히 세상에 나오기 어려울 것이다. 대한민국에는 독도문제를 전담한다는 재단이 있는데, 그 재단마저 '일본 박물관에 있으니 소개할 필요가 없다'고 말하는 자료를 누가, 장구한 세월과 고도의 능력을 낭비하며 소개하려 하겠는가. 이것은 소유하거나 보기만 해도 알 수 있는 내용이 아니다. 그러나 독도문제를 논리적으로 해결하기 위해서는 피할 수 없는 자료이다. 이것을 이해하지 못하면 문제의 본질을 떠난 감정의 대립에서 벗어날 수 없게 된다. 전기한 재단의 사고가, 책임져야 될 자들의 일반적인 사고이기 때문에, 독도가 한일 간의 엄청난 문제로 부각되어 100년 이상이 지난 현재에도, 우리는 우리를 납득시킬 수 있는 논리도 구축하지 못하고 있는 것이다.

그런 의미에서, 얻을 것이 전혀 없을 수도 있는 오오니시가 해독작업을 해준 것은 고마운 일이다. 내가 오오니시를 졸라 이 작업을 하고 있는 것은, 일본의 전통적인 독도인식을 많은 사람이 알아야 한다고 생각했기 때문이다. 우리의 논리가 독도에 대한 열기에 미치지 못한다고 느꼈던 것이다. 그러나 오오니시에게는 그런 필요성이 없다. 그럼에도 시간과 능력을 투자한 것은, 양국의 이상적인 관계를 원하는 마음이 컸기 때문일 것이다. 선생님은 현재도 수술에 임하는 뇌신경외과의 명의이시다. 그래서 책상 위에 자료를 놓고, 틈틈이, 그리고 주말과 휴일을 바쳐 작업하셨다 한다. 하지 않아도 되는 일을 해준 봉사와 희생이 고마울 뿐이다.

나는 오오니시의 협력으로『은주시청합기』·『죽도문담』·『죽도도해유래기발서공』 등을 냈고, 그때마다 출판기념회를 하고 싶어 대전으로 초대했으나 '대전에 갈 시간에 고문서를 해독하는 것이 돕는 일 아니냐'며 거절하곤 했다. 그런 과정이 있어『죽도기사』도 소개할 수 있게 되었다.

그러나 현실은 쓰라리고 고달프다. 독도에 관심을 가진 분들에게 소개하겠다는 마음으로 작업을 마쳐도 소개할 수 있는 방법이 없다. 어쩔 수 없이 친분이 있는 출판사에 부탁하고 있으나, 이익을 주는 일이 아니라 미안하다. 하다못해 독도문제를 전담하는 재단에 도움을 요청하는 용기를 내보았더니 '일본 박물관에 있으니 소개할 필요가 없다'는 풍의 답을 주었다. 참으로 명쾌한 답이라, 언젠가 그 전문을 소개할 생각이다. 없는 용기를 내어 출판사 30여 곳에 원고를 보냈더니, 딱 한 군데서 '당 출판사의 성격에 맞지 않는다'는 답을 주었다. 그것만도 고마웠다. 다행히도 '한국학술정보(주)'의 혜택을 받아 출판하게 되어 기쁘기 그지없으나, 역시 미안하다. 돈을 벌게 해주어야 하는데, 그렇지 않은 것 같아 불안하다. 어느 날 갑자기 '타산이 맞지 않아 어쩔 수 없다'라는 말을 들을지도 모른다.

이제 우리나라는 돈이 없는 나라가 아니다. 독도문제를 전담하는 재단도 돈이 없어 일을 못하는 것 같지는 않다. 결국은 정신과 철학의 문제이다. 『죽도기사』는 쓰시마가 울릉도를 침탈하려는 숙원을 실현하려는 과정을 기록한 자료이다. 당시의 쓰시마는 조선과의 교류로 부를 축적한 하나의 번, 조선의 도움 없이는 생존이 불가능했던 소도였다. 조선은 그 쓰시마에 온갖 혜택을 베풀면서도 끌려 다니며 협박당하고 있었다. 민족의 자존심이나 나라의 독자의식이 존재하기나 했는지가 의심될 정도였다.

민족의 운명을 당나라에 맡겨버렸던 신라나, 원나라에 의존했던 고려의 정신을 계승해서, 사대주의를 표방한 조선이라 그랬었는지 『죽도기사』를 읽는 내내 부끄러웠다. 왜 우리민족은 독자적인 길을 피하려 하는지, 왜 열강의 힘에 편승하려고 하는지 이해하기 어렵다. 그런 사대주의의 결정판이 내가 『죽도기사』를 소개하는 작업하고 있는 현재의 대한민국인 것 같다. 국가와 민족의 운명을 중국과 미국에 맡겨버리고, 북쪽동포들의 자멸만을 기다리는 것 같은 현실은, 당나라를 불러들여 백제와 고구려를 피멸시켜버린 것, 대원군과 민비가 열강만을 의지하려 했던 것과 무엇이 어떻게 다른지 나는 알 수가 없다. 현재 우리나라에 독도에 대한 정책은 있는지, 독도에 대한 정통성을 확인하려는 의지는 있는지 의심스럽다. 『죽도기사』의 조선은 일본이 아니라 쓰시마를 상대로 하고 있었다. 어떻게 그럴 수 있었는지, 당시를 살아간 조선인들이 불쌍하게 생각된다. 현재를 사는 나도 별반 다를 것 없는 것 같다.

오오니시는 문자의 세계에 심취하여 오오사카를 떠나려 하지 않으나, 나는 일본을 맛보기 위해 가끔 그곳을 돌아다닌다. 그때마다 선생님을 찾아가 여러 가지를 배우는데, 당분간은 독도문제에서 떠나 있고 싶단다. 나는 그런 선생님에게 '아직도 소개할 고문서가 많이 남아 있습니다. 좋은 결과를 얻으시고, 독도문제로 복귀하여 주세요'라는 부탁을 하고 있다.

이익은 저서 『성호사설』에서 조선의 3대 도둑으로 홍길동과 임꺽정, 장길산을 들었는데, 그들은 암묵적으로 민중의 지지를 받고 있었다. 민중이 그들을 의적으로 부르며 지지하는 것은, 그들이 정권보다 민심을 얻고 있었기 때문일 것이다. 역사상 가장 민심을 얻지 못한 왕이 누구일까를 생각해 본 일이 있으나 그것을 판별할 만한 지식이 나에게는 없었다. 그러나 분명한 것은, 그런 절대자는 민심과 동떨어진 짓을 태연하게 자행했기 마련이다.

내가 사는 현재에는 절대군주가 존재하지 않고, 선거로 뽑힌 대통령이 그 역할을 이행한다. 그래서 후보시절의 그들은 민의를 하늘처럼 존중하겠다며 천명을 구걸한다. 그러나 독재적 당선자는 천명이 아닌, 자신의 경험과 생각을 절대가치로 삼는 사익(私益)을 존중한다.

그리고 반대하는 의견을 만나면, 독특한 법치의 대상으로 삼아버린다. 그래서 나 같은 사람은 겁을 먹고 말도 하지 못한다. 젊었을 때보다는 연륜 덕택으로, 독자적인 가치관이나 세계관도 수립한 것 같은데, 그것을 표현하는 용기는 가지지 못한다. 아마도 내가 망국의 시대를 산다면, 조국의 독립운동을 하기보다는 그런 일을 하는 투사들을 고자질할지도 모른다.

독도를 공부하면서, 모순된 논리를 주장하는 학자, 그 논리를 근거로 해서 역사적 정통성을 주장하는 일본을 이해할 수 없어, 증오한 일도 있다. 평화를 주장하며 침략행위를 반복하는 그들의 모순을 보기 때문이다. 일본이 논리의 모순에 태연한 것은, 우리의 능력을 경시하기 때문이다. 그래서 나는 독도를 사랑하는 사람들에게, 일본의 모순을 확인할 수 있는 자료를 제공하고 싶다. 상대를 증오하기 위해서가 아니라, 동등한 능력으로 동등하게 논쟁하여 동등하게 교류하는 현실을 만들고 싶어서이다. 그런데 내가 사는 현재의 대한민국은 모순이 많아도 너무 많다. 우리가 논리적이어야 남의 모순을 탓할 수 있는데 부끄럽다.

위정자들이 백성을 통치의 도구로만 여길 때, 민중들은 조정이나 관리들보다 홍길동이나 임꺽정을 의적으로 부르며, 그들을 이해하려 했다. 왕정시대에도 그러했는데, 얼마 전까지만 해도 인터넷 강국이라고 불려 손색이 없었던 우리나라에서, 정부가 국민을 통치의 대상으로만 본다면 어떤 일이 전개되겠는가. 관리의 자질을 확인하는 청문회가 유명무실해진 현실을 반복적으로 경험하다 보니, 정부나 관리를 신뢰할 수 없게 되었다. 그래서 그들이 정의와 법치를 말하면 심한 고통을 받는다. 과거를 반성하지 않는 일본이 현재도 침략행위를 반복하면서도 미래의 화합을 약속하는 것보다 더한 모순이 가져다 주는 고통이다. 이런 모순의 현재를 살면서, 독도를 매개로 하는 일본의 모순을 지적할 수 있는 일인지, 자괴감이 크다. 이런 국가적 모순 속에서 독도를 연구해도 되는 것인지 고민이다. 우리는 솔직해져야 한다. 그러기 위해서는 권력을 집행하는 자들의 솔선이 필요한데, 나는 그것을 요구할 만한 용기가 없다. 그래서 신문에 실린 글을 소개하는 것으로 나의 소심을 용서받으려 한다.

이명박 대통령은 17~18일 최고 리더집단인 장차관들을 모두 모아 놓고 1박2일 국정토론회를 가졌다. 이 대통령은 이 자리에서 "나라가 온통 비리투성이"라며 공직사회의 부패와 임기 말 기강해이를 강하게 질책했다. 공직사회의 각성을 촉구한 토론회는 이 대통령의 리더십 문제도 드러낸 자리였다는 평가다. 국정 최고 지도자로서 '내 탓'은 사라지고 공정사회를 강조하면서 말과 행동이 따로 노는 모순이 증명되는 자리였다는 것이다.

우선 행정수반인 이 대통령 본인의 반성은 전무했다. 이 대통령은 지난 17일 토론회 첫날 30분에 걸쳐 공정사회를 힐난했다. 국토해양부 직원, 검사, 교육공무원, 대학총장, 공무원 출신 공기업 최고경영자 등을 가리지 않고 비판했다.

그러나 공직사회를 총괄하고 있는 본인의 책임에 대해서는 전혀 언급하지 않았다. 이 대통령은 오히려 "부정과 비리가 우리 정권에서 유난한 게 아니다"라며 "과거 10년, 20년 전부터였지만 이제 정리하고 넘어갈 필요가 있다"면서 책임을 잘못된 관행, 전 정권의 탓으로 돌렸다. "공직자가 누구를 탓하느냐"는 본인의 지적과도 모순되고 전형적인 '남 탓' 리더십이란 평가가 나오는 것은 이 때문이다.

'말 따로 행동 따로' 리더십의 문제도 제기된다. 이 대통령은 최근 토론회와 각종 공개행사에서 전관예우, 낙하산 인사를 비판하고 있다. 하지만 본인은 지난 16일 한국도로공사 사장에 서울시장 재임 시절부터 측근이던 장석효 전 서울시 행정2부시장을 임명했다. 공모절차를 거쳤으나 관가에서는 이미 내정설이 파다했다. 기획재정부가 17일 공개한 2010년 공공기관 경영평가에 따르면 '미흡'이나 '아주 미흡'을 받은 기관장 11명 중 7명이 이 대통령의 출신 대학인 고려대 인맥을 중심으로 한 낙하산 기관장이었다.

장달중 서울대 정치학과 교수가 지난 16일 한국프레스센터에서 열린 '한국―리더십의 위기를 말한다'란 포럼에서 이 대통령의 정치는 "페러독스(모순) 그 자체"라는 외국 언론인의 평가를 전한 이유다.

이 대통령 특유의 '내가 해봐서 아는데'식 리더십도 빠짐없이 관찰됐다. 이 대통령은 "나도 민간에 있을 때 을의 입장에서 뒷바라지해준 일이 있다"면서 국토부의 스폰서 연찬회, 검찰의 술 얻어 먹는 관행, 공직자들의 전관예우 등을 비판했다. 장차관들을 상대로 "과거의 경험은 참고할 뿐이지 그대로 하면 안 맞다", "과거 경험에 배어 있으면 창의력이 안 나온다"고 지적하면서 본인은 수십 년 전의 현대건설 재직시절 경험으로 현실을 진단하고 있는 것이다.

당장 문제를 알고 있는 이 대통령은 본인은 지난 3년간 공직사회 부패가 커질 때 무엇을 했느냐는 반론이 제기될 수밖에 없다. 이 대통령은 지난해 첫 국무회의에서도 권력형・교육・토착비리라는 3대 비리를 척결하겠다고 선언했지만 뚜렷한 성과를 찾기 어려운 현실이다. 임기 4년차의 뒤늦은 공직사회 사정바람이 사후약방문식이고, 임기말 레임덕 방지라는 정치적 목적에 따른 게 아니냐는 평가가 얹어지는 배경이다. 더불어 이 같은 화법은 '나는 다 알고 있다'는 논리로 소통의 리더십과는 거리가 멀다는 지적도 나온다("경향신문", 2011년 6월 20일).

공감하는 내용이다. 나는 이렇게라도 해서 현재의 모순을 역사로 남기고 싶다. 우리는 고대인들이 남겨놓은 낙서를 통해서 당시의 문화를 추정하는 일도 있어, 독도문제가 한일 간의 첨예한 문제로 대두되어 있는 상황에서, 일본 수상과 독도문제를 이야기하면서 '지금은 곤란하다'라고 말했다는 소문도 가지고 있는 대통령에 관한 글을 소개해두는 것이 역사적 행동이 될 수도 있다고 생각하기 때문이다.

1726년에 코시 쓰네에몬이『죽도기사』를 편찬하고 '기준를 가지고 편집을 했으나, 장부 등은 모두가 갖추어져 있지 않아서 상세함을 다하는 편찬물로 성립시키는 일 등은 어려운 일이었다. 아무래도 사실이 탈루되는 일도 많을 것이다. 금후 되풀이해서 몇 번이고 많은 자료와 대조하여, 다시 교합하여 충실한 증보판이 나올 것을 원하고 있다'라고 말했다.

저자가 자신의 편찬물에 부족함을 느끼고, 후세인이 다시 보강해 줄 것을 염원했는데, 이것을 2011년에 나와 오오니시가 작업하고 있다는 것은, 300년 전의 역사를 오늘 계승하여 그 가치를 되새기는 일로, 역사적 행위에 참여하고 있는 것이 틀림없다. 300년 전의 결과물에 새로운 해설과 해석과 참고내용을 추기하여, 알기 쉽게 하는 작업을 하고 있으니, 이것은 분명히 새로운 증보판을 내는 일로, 300년 전에 코시가 원했던 일을 실현하는 일이다.

이『죽도기사』를 많은 사람들이 읽고, 독도에 대한 공통인식을 가지게 되어, 독도문제가 논리적으로 해결되면, 한일 간은 서로 신뢰하는 교류를 확대시켜 나갈 것이다. 그렇게 되면 이 책은 무용지물이 되고 만다. 이 책이 무용지물이 되는 그런 시대가 빨리 도래하기를 바라는 마음이 크다.

2011년 6월 22일 우산봉에서
권오엽

죽도기사 1-3의 해설

권오엽

『죽도기사』 1-3은 1694(숙종20, 원록7)년 2월부터 8월까지의 기록이다. 여기에 이르기까지의 과정을 소개하자면 다음과 같다. 울릉도에서 안용복과 박어둔을 납치한 요나고 오오야가(大谷家)의 의견에 따라, 톳토리번이 막부에 두 사람의 월경죄를 보고하자, 막부는 두 사람을 나가사키와 쓰시마를 거쳐 조선에 송환하는 것으로 정하고, 쓰시마번에 실행을 맡겼다. 그러면서 조선인의 죽도(울릉도) 도해금지를 조선에 요구하라는 지시도 했다. 그러자 쓰시마번은 죽도를 침탈하는 숙원을 이룰 수 있는 기회로 보고, 막부의 명을 빙자하여, 죽도에 대한 영유권을 확보하려 했다. 그러면서 택한 것이 안용복과 박어둔이 건너간 섬이 일본의 죽도라는 사실을 조선에게 인정시키는 방법이었다. 당시의 조선은, 울릉도의 도해를 금지하는 방법으로 그것을 관리하고 있었기 때문에 죽도가 조선의 울릉도라는 것을 잘 인식하고 있었다.

그러나 어찌 된 일인지, 쓰시마의 요구를 수용하는 듯, 울릉도를 일본이 죽도, 의죽도 등으로 부른다는 사실에서 착안했는지 '일본의 죽도', '조선의 울릉도'라는 해괴한 표현으로 쓰시마의 요구에 응하는 방법을 취했다. 동일한 섬을 일본의 죽도와 조선의 울릉도로 분류하여, 막부의 요구(쓰시마에 의해 왜곡된)에 응하는 것으로 가장한 것이다. 기발한 착상으로 보아야 할지, 국제적 사기로 보아야 할지 판단하기 어려우나 당당한 대응은 아니었다.

조선은 안용복과 박어둔을 양도하기 위한 사자의 파견 자체를 거부했음에도 쓰시마는 사자를 파견했다. 조선은 어쩔 수 없어 접위관(홍중하)과 치주역(박재흥)을 동래로 파견하여 조정의 뜻을 전했다. '귀계 죽도', '폐방울릉도'라는 내용이었다. 이것을 받은 쓰시마의 사자 타다 요자에몬(多田 与左衛門)은, 죽도가 울릉도인데 어떻게 2도로 해서 장군에게 보고할 수 있겠느냐, 그것은 전쟁을 유발시키는 일이라며 울릉도의 삭제를 요구했다. 그렇게 하는 것이 양국의 친선을 위하는 일이고 조선의 안전을 도모하는 길이라며 반한의 수취를 거절했다.

그러자 박동지는 울릉도가 조선령이라는 사실은 조선만이 아니라 쓰시마도 알 정도로 보편화된 인식이고, 그것을 기록 등이 존재하여 어쩔 수 없는 일이다. 그러나 쓰시마의 요구도 있어, 울릉도에 대한 실질직인 지배는 일본에 맡기고 조선에는 명목만을 남기는 것이라며, 수취할 것을 권했다. 그래야 중국도 납득할 것이라며 사대주의 본색까지 보였다. 그 권유에 쓰시마의 사자(정관) 타다 요자에몬이 반론하는 것으로 본 『죽도기사』 1-3권이 시작된다.

1694년 2월 9일

[박동지의 구상에 정관이 답하는 구상]

우리가 반한의 울릉도의 삭제를 요구한다는 것을 도성에 주진하면 더 나쁜 결과가 나올 수 있다며 주진도 하지 않았는데, 일단 주진해 달라, 그렇지 않으면 사태를 악화시켜 전란이 일어나 조선이 망국의 아픔을 맛볼 수 있다. 조정은 그런 위험을 감수하기보다는 우리의 성신을 이해하고 반한을 수정할 수도 있다. 주진해도 조정의 뜻이 바뀌지 않으면 수취하여 귀국하겠다. 필요하다면 접위관에게 직접 이야기할 수도 있다.

[박동지가 구상으로 전하는 접위관의 반답]
큰일(전쟁)이 생길 것이라고 걱정하는 마음은 고마우나, 사정이 있어 기입한 내용의 수정은 불가능하다. 도성에 주진하면 더 나빠질 수 있다. 장군이 사자를 파견하면 그때 충분히 대처할 수 있으니 수취하여 귀국하는 것이 좋겠다. 접위관은 결과를 전할 뿐이다.

[정관의 반답]
반한을 받으면 도성에 주진하여 다른 답을 주겠다고 하나, 그렇게 되면 내용을 고칠 수 없다. 우리가 걱정하는 것을 도성에서 알고 고칠 수도 있으나 일단 수취하면 그것이 불가능하다. 수정의 요구는 정관이 아니라 장군의 의견이니 주진해 달라. 나는 당신(박동지)과 절친한 사이이나 접위관과 동래부사를 직접 만날 수도 있다.

2월 14일
[정관이 쓰시마에 보낸 서장]
울릉도라는 문언을 삭제할 수 없고, 우리의 요구를 도성에 주진하면 오히려 역효과라 한다. 접위관이 국왕을 대리하므로 자신이 처리하고, 상경했을 때 전하겠다 한다. 그래서 15일에 반한을 받아 22일에 귀국선에 승선하겠다. 이 보고를 하며 접위관의 한문 반답을 첨부했다.

7년 2월 18일
일행이 출연석에 출석했으나 기록은 없다.

2월 21일

[2월 18일부 쓰시마의 서장]

아비루를 통해 정관의 보고를 받았는데, 박동지가 중간에서 우리의 의사를 조절하여 전하는 것 같다. 우리의 뜻을 바르게 전하려면 한문의 서장을 접위관이나 동래부사에 전하라. 그러면 접위관이 도성에 전하지 않을 수 없다. 조선은 반답이 초래할 국가적 위기를 알지 못한다. 그래서 우리의 뜻이 좌절된다. 박동지가 열심이지만 너무 믿지 말고, 직접 전하도록 하라. 국가적 대사는 하급관리들의 노력으로 해결되지 않는다. 울릉도를 삭제하지 않으면 이후에 조선어민은 일본의 죽도가 아닌 조선의 울릉도에 도해했다고 주장할 것이다. 현재의 반한을 장군이 알게 되면, 재조사하여 전쟁이 날 수도 있다. 그러면 조선은 모든 것을 잃게 된다. 그것을 조선에게 알려 주려는 것이다. 경우에 따라서는 접위관과 직접 이야기해야 한다.

7년 2월 22일

귀국선에 승선하여, 2월 24일에 와니우라, 27일에 쓰시마 부중에 도착한 사자 일행.

7년 2월 25일

[와니우라에 제출한 서장]

15일에 반한을 수취하고 18일에 출선연에 참가했다. 22일에 귀국선에 승선하고 24일에 출선하여 와니우라에 도착했다. 쓰시마에서 비선으로 보낸 18일부의 서장을 21일에 접수했으나, 일단 출선연도 끝나 어쩔 수 없이 귀국하는 도중에 와니우라에서, 나라에서 보내준 서장을 읽었다. 새로운 반한을 받을 때까지 기다리려 했으나, 귀국해도 좋다는 연락을 받았다. 귀국준비 중에 교섭을 지속하라는 다른 명을 받았으나 어쩔 수 없어 귀국하는 도중에 바람을 만나 와니우라에 정박하며 우선 비각을 보낸다.

7년 2월 27일
[중간보고하는 정관]

정관의 보고를 받은 노직들은 1도 2명의 해결을 장군에 보고하면, 재조사하여, 이전의 조선영토가 최근에 일본령이 되었다는 사실을 알고 전쟁이 날 수도 있다. 죽도는 곤겐사마 이래 이나바의 영지이다. 조선은 버렸던 땅을 울릉도로 칭하며 혼란을 일으키고 있으므로, 울릉도의 삭제를 요구해야 한다. 대수롭지 않은 일로 볼 수도 있으나 전쟁이 나면 수습할 수 없으니 다시 사자를 파견하여 울릉도 삭제를 요구해야 한다. 이테이안의 도움을 받는 것이 좋다.

7년 2월 28일
이테이안 스님들에게 반한을 보이고, 타다를 사자로 결정했다.

7년 2월 29일
히라타와 재판(타카세와 히라타)가 쓰시마에 와 있는 3역사(안동지, 박첨지, 김정)에게 타다 요자에몬이 판사로 재파견된다는 것을 알리고 협력을 요구한다. 3역사도 화답했다.

7년 3월

재교섭의 정사에 타다 요자에몬(多田与左右衛門), 도선주에 반 야나가자에몬(番柳左衛門), 봉진에 테라사키 요시에몬(寺崎与四右衛門)을 임명하고, 선향사를 파견하여 예조참판, 참의, 동래부사에게 울릉도의 삭제를 요구했다. 선향사는 타다가 받아온 반한 3통(참판과 참의와 동래부사)을 가지고 건너갔다. 아비루 쇼우베에와 아시가루 5인이 사자를 수행하여 56정선 1소에 타기로 했다.

7년 5월 5일

이미 끝난 일이다. 사자를 파견할 필요가 없다는 반답을 동래부사가 역관을 통해 선향사에게 보냈다. 불시의 파견은 곤란하다는 조선의 답을 관수와 재판이 쓰시마로 보냈다. 그러자 쓰시마는 불시의 사자는 보낼 수 있는 일이고, 이번 일은 동무의 뜻에 따르는 일이기 때문에 납득이 가지 않으면 몇 번이고 보낼 수 있는 일이다. 받아주지 않는 일은 성신에 어긋나는 일이다. 일단 받고 그 선악을 판단해야 한다며 도성에 주진할 것을 요구했다.

7년 5월 28일

사자 일행이 출선하여, 윤 5월 2일에 와니우라에 도착했다. 이곳에서 에도에 있는 도주가 보낸 서장을 받았다. 좀더 확실하게 진전시키라는 격려였다.

7년 윤 5월 13일

사자 일행이 초량화관에 입관했다. 사자의 서간은 전하지 않는다.

7년 7월 21일

다시 협상하게 된 상황을 막부의 아베에게 보고했고 아베도 그에
대한 답을 주었다.

[쓰시마 에도 루스이의 구상서]

루스이가 반한의 사본과 구상서를 노중에게 두 번 읽어드리고 설
명해드리자, 차분이 검토하여 답하겠다고 답했다. 반한은 생략하고
구상서는 다음과 같다.

[구상서]

조선인을 송환하고 조선인의 죽도 도해금지를 요구하는 막부의 명
을 작년 5월 13일에 받아, 10월에 사자를 파견했다. 그것에 대한 반한
이 금년 2월에 도착했다. 그것에 쓰시마가 기록하지 않은 울릉도라는
표기가 있어, 그것의 삭제를 요구하는 사자를 다시 파견했다. 그러나
조선이 응하지 않아 보고가 늦어졌다. 죽도가 조선이 말하는 울릉도
일지도 몰라 불안하나, 그렇다 해도, 조선이 버린 것을 일본이 지배하
는 곳이다. 조선은 세평과 중국에 대한 체면이 있어 지도 등의 기록
을 근거로 명목만이라도 조선에 남겨둘 것을 요구한다. 그렇게 되면
죽도에 도해하는 조선인을 처벌할 수 없다. 혼란스럽지 않는 내용으
로 협상하여 다시 보고하겠다.

7년 8월 9일

차례를 설행하여 접위관, 동래부사, 정관이 대청에 모였다. 정관이
서간과 반한을 반납하며 울릉도의 삭제를 요구하여, 접위관과의 논담

이 이루어졌다.

7년 8월 3일

접위관과 치주역 박재흥(동지)이 동래에 도착했다는 훈도와 별차의 연락이 있었다. 접위관의 이름(유집일)이 정관의 기록에도 없다.

7년 8월 4일

박동지와 박첨지, 도선주와 재판이 차례의식을 상의하여, 지난 겨울처럼 평좌하여 진행하는 것을 논의했다. 밤이 늦어 내일 계속하기로 하고 헤어졌다.

7년 8월 5일

[양 치주(박동지·박첨지)와 재판과 도선주의 상담]

차례를 준비해야 하나, 울릉도 삭제문제로 시간이 걸린다. 1도 2명의 기재가 없으면 받을 수도 답을 할 수도 없으니, 귀국하여 상의하거나 1도 2명을 기입해야 한다는 것이 접위관의 뜻이다. 이것이 조정되어야 원만한 차례의 진행이 가능하다. 이런 제의에 재판과 도선주는, 그렇게 할 수 없다며 말을 덧붙여 설명하는 방법을 제시했다. 양 치주는, 구상은 오류의 가능성이 있다며 구상서를 요구했다.

[정관의 반박]

양 치주의 제안은 사자에 대한 비례이다. 구상의 불신은 사자를 부정하는 일이다. 사자의 역할은 한정적이라, 이번 문제는 사자와 접위관이 해결할 문제가 아니다. 그러므로 사자의 요구를 조정에 주진해야 한다. 주진한 후의 결정에는 승복하겠다. 7일에 차례를 열고, 그곳에서 접위관과 이야기하겠다.

7년 8월 6일

[양 치주가 재판과 도선주에게]

1도 2명에 대한 기술이 없는 서간은 받을 수 없고, 내일(7일)의 차례는 어려워 8일을 생각한다. 1도 2명의 요점이 빠진 서간은 받을 수 없다는 것은 조정의 뜻이다. 차례 시에 사자가 잘 설명해야 한다.

[재판과 도선주의 반론]

이해할 수 없는 이야기의 반복이다. 차례가 늦어지는 것은 치주의 책임이다. 차례 시 서간을 받지 않는 일은 있을 수 없다. 모레는 국기일이니 내일(7일)에 열자. 서둘러 돌아가 상의해 달라. 시간이 늦어 내일 들르기로 하고 양 치주는 돌아갔다.

7년 8월 7일

[양 치주가 도선주와 재판에게]

어제는 접위관이 취침 중이라 오늘 아침에 상의하여, 오늘(7일)은 촉박하고, 내일은 국기일이라 모레(9일) 거행했으면 한다는 접위관과 동래부사의 뜻을 전했다.

[도선주와 재판이 양 치주에게]

연기되는 것은 치주의 책임이다. 9일의 차례는 평좌로 하자는 것이 정관의 뜻이다. 이번의 용건은 울릉도만 삭제하면 끝나는 일이다. 그것은 조선을 위한 일이다. 삭제해도 명목을 남기는 방법은 있다. 동무에 보고가 늦어지면 곤란하다. 원하는 답을 받으면 내일이라도 귀국하겠다. 교섭에 관여하는 정관과 접위관이 철저히 기록하고 있으나, 시세가 바뀌면 모든 것이 허사다. 또 말세가 되어도 역관 등 하급관리들이 책임질 일은 없다. 그러나 교섭이 잘 안 되면 처벌받을 가능성이 많다. 그런 일이 없었으면 좋겠다.

[양 치주의 답]

친절한 배려에 감사하고, 우리는 의견을 가볍게 말하지 않는다. 사자를 다시 파견한 것에 대한 조정의 생각을 설명하겠다. 조선이 성의껏 만들어 보낸 반한을 반납하는 것은 성신에 어긋난다. 81년 전(광해군)의 서간으로, 울릉도가 조선령이라는 것은 일본도 아는 일이다. 일본인의 울릉도 출입을 금해야 한다. 그런 사실을 동무에 말하면 울릉도를 돌려줄 것이다. 그럼에도 쓰시마는 울릉도 삭제만을 요구하여 답을 할 수 없으니, 돌아가서 다시 상의하거나 1도 2명이 들어간 구상서를 제출해야 한다. [도선주와 재판처럼 역관도 솔직히 말한다며] 조정에서 정한 일이기에 울릉도 삭제는 안 되는 일이다. 동무에 올리는 보고서는 조절 가능하니 사자가 원하는 내용의 초안을 만들어 달라.

[역관의 의견을 전해들은 정관]

아랫사람들의 주선으로 해결될 일이 아니다. 도주의 뜻을 알아야 하는데, 에도까지는 시간이 걸리니, 조선 측이 울릉도를 삭제하면 된다. 그러면 우리는 내일이라도 귀국한다. 문장의 기록방법은 상관없으나 초안을 먼저 받아야 한다. 조선은 쓰시마의 뜻을 존중한다면서도 그렇게 실행한 일이 없어 조선의 성신이 의심스럽다. 조정에 의해 좌절되었으나 양 치주는 계속 노력해야 한다. 재판과 도선주, 그리고 양 치주는 사전협의의 의미를 동감하고 헤어졌다.

7년 8월 8일
[정관이 양 치주와 재판과 도선주에게]
재판과 도선주를 통해 양치주의 이야기를 들었으나 본질은 놓아두고 표면만 처리하는 것은 좋지 않다. 동무가 납득하지 못하면 조선에 좋지 않다. 초안을 보내주었으면 좋겠다.

[박동지의 답]
조정의 생각은 쓰시마의 그것과 약간 다르다. 재판의 요구한 평좌상담을 접위관이 받아들였다. 동래부사는 임기가 끝났으나 이 차례를 위해 남았다.

[정관과 헤어지고 재판 댁에 들려 나눈 의견]
쓰시마가 원하는 초안을 주면 접위관과 동래부사와 상의해 보겠다. 차례 석상에서는 서간을 받을 수 없다. 일단 맡아두고, 도성에 주진하여 허락이 있으면 도성에 바치겠다. 조정의 뜻이 바뀌지 않으면 죽도가 조선의 울릉도로 정한 것으로 알아라.

[정관의 말을 전하는 도선주와 재판]
있을 수 없는 이야기이다. 서간을 받지 않고 놓아 둔다는 것은 괘씸한 일이다. 서간을 전하면 받아두든지 도성에 주진하든지는 저쪽

마음대로이다. 우리 측의 분위기를 듣고, 내일 차례에 대한 이야기를 하고 양 치주는 돌아갔다.

8월 9일

차례가 거행되기 전에, 전날 부탁받은 초안의 건을 접위관이 거절한 사실을 재판에게 전하자, 재판 역시 번거롭고 불가능한 주문이었다며 환영했다. 양측이 대청에 모였다.

[정관의 구상]

울릉도를 삭제하지 않으면 죽도에 다시 도해하는 조선인의 단속이 불가능하다. 동무가 반드시 재조사하게 되면 더 큰일이 벌어지고 조선의 평가도 나쁠 것이다. 양국 모두에게 좋도록 노력하는 쓰시마이다. 울릉도 삭제가 불가능하면 그 이유를 기재해야 한다. 혹시 증답품이 부족한가. 정관이나 접위관의 뜻대로 결정되는 것은 아니나 영향력이 없는 것도 아니다. 협상에 진전이 없다는 질책이 심하다.

[접위관 및 동래부사의 반답]

부산에 내려올 때 조정의 지시를 받았다. 서한의 울릉도를 삭제해 달라는 요구가 있으나, 우리 조선인의 울릉도 도해도 금지시키고 있어 일본의 죽도는 말할 것도 없다. 이런 내용의 서간에 불만을 가진다는 것이 이상하다. 서간 그대로를 동무에 보고하면 동무도 이해할 것이다. 쓰시마의 성신은 이해하니 그대로 가지고 돌아가라.

[정관의 반답]

삭제 이유는 이미 말했다. 그대로 동무에 보고하면 조선이 위험하다. 혼돈되는 주선을 하지 않는 것이 쓰시마의 도리이다, 조선도 그렇게 해야 한다. 일본의 요구에 의한 답을 해야 한다. 울릉도 삭제가 요구에 응하는 것이다.

[접위관 동래부사의 반답]

울릉도 기입은 상의한 결과이다. 삭제할 수 없다. 잘 생각하면 그 의미를 알 것이다. 있는 그대로 동무에 알려라.

[정관의 구상]

그 이상 더 좋은 내용이 없다 하나, 형식에 문제가 있다. 일본이 언급하지 않았던 울릉도는 형식에 맞지 않으니 삭제해야 한다. 사자가 온 이상 말을 듣고 가부를 정해야 한다. 그것도 없이 주진조차 거절하며 돌아가라는 것은 도리가 아니다. 몇 년이라도 기다리겠다. 거절하려면 그 이유를 기록해 주어야 한다. 그것도 없이 돌아가라는 것은 사자를 무시하는 일이다. 조정에 주진하면 별도의 지시가 있을 수도 있다.

[접위관 및 동래부사의 반답]
2, 3일 기다렸다 주진하겠다.

[정관 구상]
의식 중에 전달되는 어치주를 거절하겠다. 혼란을 피하기 위해 미리 전한다.

[접위관 및 동래부사]

사자에게 어치주를 안 낼 수 없다. 지난번에도 곤란했다. 2, 3회 권했으나 결국 무산되었다

8월 11일

[박동지·박첨지와 재판과 도선주의 면담]

더 이상 없을 정도로 좋은 내용에 이의를 제기하는 것은 이해가 안 된다. 쓰시마 도주가 걱정 중이라면, 그대로 동무에 보고해라. 개변요구는 오히려 부작용을 초래한다, 그저께 접위관이 말한 대로, 그대로 가지고 돌아가라. 차례 시에 한 말은 접위관에 전하겠다. 쓰시마의 이의제기는 이해하기 어렵다.

[박첨지]

반답내용은 도선주 재판에게 이미 상의한 일이고, 지난 겨울에 퇴휴사로 쓰시마를 방문했을 때, 쓰시마 측이 이의를 제기하여, 조정에 전하기로 약속했었다. 쓰시마의 사자파견이 결정되어, 다시 상담하게 되었다 하나, 조정에도 사정이 있어 합의를 보기는 어려울 것이라고 말하고 귀국했었다. 귀국하여 조정에 말하니, 울릉도가 조선령이라는 것을 쓰시마는 광해군 때부터 아는 일이다. 그럼에도 이의를 제기하여, 그들이 말하는 성신이 의심스럽다. 동무에 사실을 이야기하면 이해할 것이다. 그리고 일본인의 도해금지를 시킬 것이다. 이것이 조정의 결정이다. 이번의 이의서는 1도 2명에 대한 설명도 없이, 울릉도의 삭제만을 요구하고 있다.

[정관]

7일에 양 역관이 재판과 도선주에 한 이야기를 들었다. 죽도가 조선영토였다는 증거가 있다 해서 일본령이 아니라고 말할 수 없다. 토지는 때에 따라 변하는 것이다. 조선의 고유영토를 일본이 지배하게 된 것은 조선의 부끄럽게 생각해야 한다. 쓰시마는 영토분쟁을 하는 것이 아니다. 그저 울릉도의 삭제만을 요구한다. 1도 2명의 표현이 혼란스러워 울릉도의 삭제를 요구할 뿐이다. 혼란스러운 서한을 동무에 보고하면, 동무가 재 조사하여 큰일이 나기 때문에, 그것을 방지하기 위한 배려이다. 울릉도를 삭제해도 섬의 명목을 남기는 방법은 있다. 삭제하고 싶지 않으면 울릉도를 기입하든지 말든지 멋대로 하면 된다. 그렇게 되면 결과는 명백해지겠지만, 곤란한 것은 조선 측이다.

[정관의 말을 들은 접위관]

조정에 주진하여, 만들어지는 초안을 보여주겠다. 그러니 생각하는 것이 있으면 말해 달라.

[정관]

울릉도를 삭제하지 않는 한 아무리 좋은 답서라 해도 동무에 전할 수 없다. 초안을 보여준다 해도 기대할 수 없다. 결국 보여주는 것으로 끝날 것이다. 우리의 뜻을 받아들인다면서도 고치는 일은 없다. 초안을 보여주는 등 배려는 해주지만 고쳐주는 일이 없어 허무하다.

[기록자의 의견]

1도 2명설을 쓰마에게 말하게 하려 했던 조선의 외교, 그에 비해 무력으로 해결하려 했던 쓰시마는 설득력이 없는 강경론만 폈다. 그런 의도를 조선이 간파하고 있었다. 조선인을 둔하고 겁이 많다 하나, 문제가 생기면 적절히 처리한다. 일에 대해서는 매우 자세하고 결단도 빠르다. 후일의 우환을 예측하는 일도 대단하다. 사려가 깊고 배려가 넓다. 죽도일건은 그들의 강인함을 아는 계기였다.

이상과 같이, 조선이 쓰시마사자 타다 요자에몬에게 넘겨준 반한에 있는 '귀계죽도'와 '폐방울릉도'라는 내용을, 쓰시마가 문제 삼아 '울릉도'를 삭제해 달라고 요구했으나, 조선 측이 일관되게 부정하는 내용으로 구성되어 있다. 여기서 주의해야 할 것은 이 해(1694년)에 갑술옥사를 통해 정권교체가 있었다는 사실이다. 이전의 정권은 일본의 요구에 소극적으로 대응하는 정책을 취하고 있었다. 즉 울릉도를 '일본의 죽도'와 '조선의 울릉도'라는 식으로 설정하여, 조선인의 죽도도해를 금지시키겠다고 답하는 방법으로 해결하려 했다. 그러나 그것은 일본이나 조선이 죽도가 울릉도라는 사실을 아는 상태에서의 설정이었기 때문에, 일시적인 방편, 허구에 기반하는 방편이라는 것을 서로가 알고 있었다.

그러나 새로 집권한 정권은 달랐다. 정면돌파를 꾀하려 했다. 울릉도의 삭제를 거부하는 것에 그치지 않고, 그 사실을 동무에 알리라고 말하기 시작했다. 조선의 의견을 동무에 알리면, 동무는 일본인의 죽도도해를 금지시킬 것이라는 사실까지 예측까지 하고 있었다. "죽도기사"는 접위관의 이름도 생략하고 있으나, 홍중하와 교체된 접위관은 유집일(兪集一)이었다. 그는 부산에 내려가자 송환되어 구속된 안용복과 박어둔을 만났다. 『숙종시록』이 전하는 사실이다. 반답을 있는 그대로 동무에 보고해도 좋다는 주장은 8월 7일에 처음으로 제기되었는데, 8월 3일에 부산에 내려온 유집일이 그 사이에 안용복과 박어둔을 만나 새로운 정보를 확보하여, 새로운 대응방법을 결정했다는 것을 의미한다. 『숙종실록』은, 쓰시마가 장군의 명을 빙자하여 다른 요구를 한다고 안용복이 제공한 정보를 전하고 있는데, 유집일이 안용복한테서 그 정보를 얻은 것이다. 그렇기 때문에 8월 7일 이전에는 쓰시마 측이 동무의 뜻을 어기면 전쟁이 날 수도 있다는 식으로 동무를 언급하고 있었는데, 8월 7일부터는 조선 측도 적극적으로 동무를 언급한다. 『숙종실록』이 전하는 안용복의 진술이 사실에 근거한다는 것을 알 수 있는 또 하나의 근거이다.

쓰시마 측이 요구하는 대로 '조선인의 죽도도해를 금지하겠다'는 것을 의미하는 '귀계죽도'만을 남기고 '조선인의 울릉도의 도해를 금지한다'는 의미를 포함하는 '폐방울릉도'를 삭제하게 되면, 조선이 건네준 반한은, 조선인의 죽도도해금지를 약속하는 것으로, 죽도가 일본령이라는 것을 인정하는 것이 된다. 그처럼 죽도의 일본령을 인정하면, 죽도가 울릉도이기 때문에, 울릉도 역시 일본령이 되고 만다. 그래서 쓰시마번은 울릉도의 삭제를 집요하게 요구했고, 조선은 궁색하게 변명하며 거부한 것이다. 조선의 울릉도를 사수하려는 의지가 눈물겹지만 너무 초라하고 구차했다. 그러기보다는, 안용복과 박어둔이 납치당한 곳이 조선의 울릉도라는 것을 밝히며, 일본어민의 범월죄를 추궁했어야 했다. 그것이 백성에게 군림하는 관리들과 군왕이 취해야 할 최소한의 도리였다.

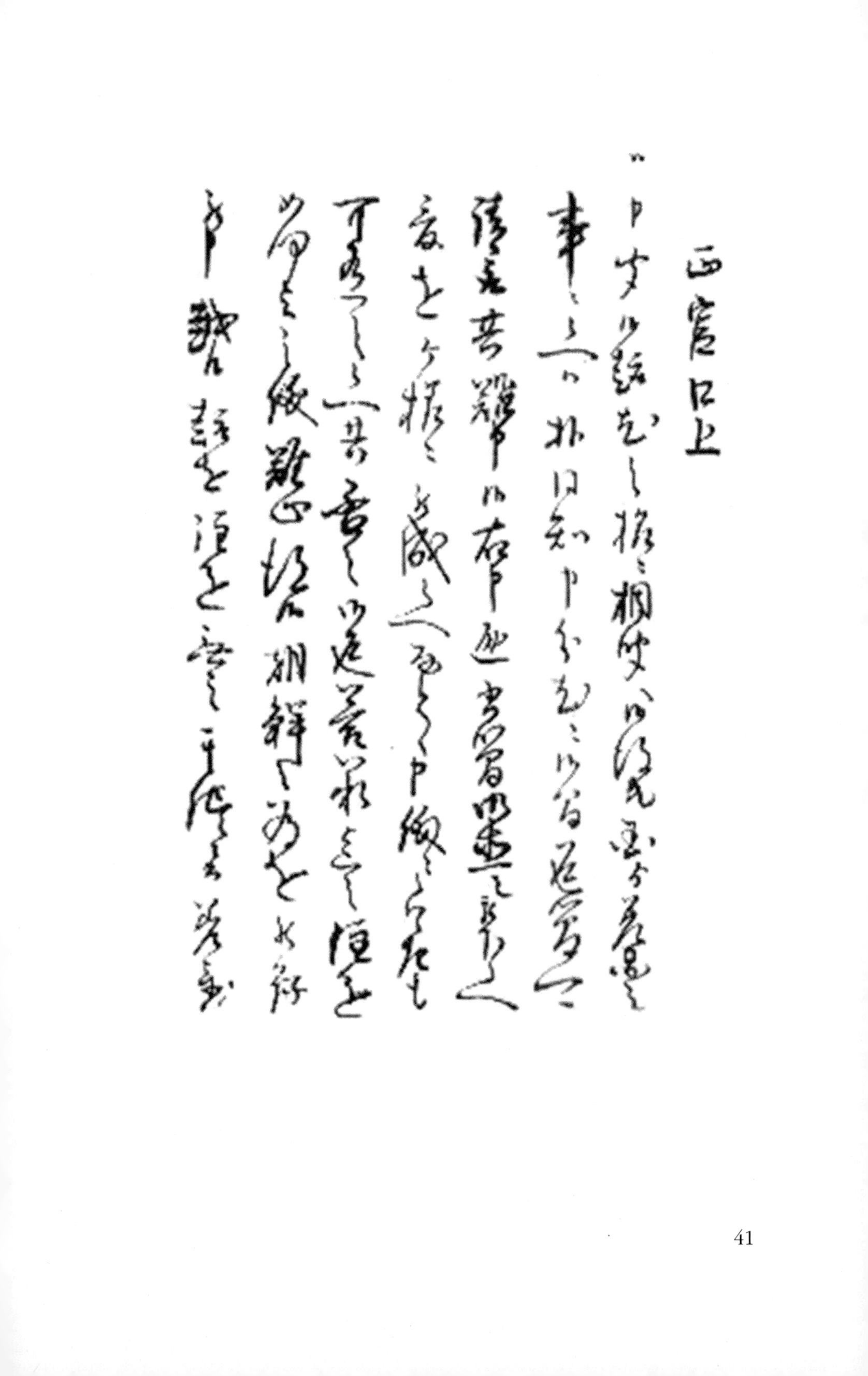

西宮口上

(14-05)

正官口上

- 申聞候趣尤之様゠相聞へ候得共国より差図之事゠候へハ朴同知申
  分尤゠候間返簡可請取共難申候右申通書簡御直゛被下候へ爰をヶ
  様゠被成候へなとゝ申儀゠候ハ丶左も可有之候へ共否之御返答承
  迄之注進如何与之儀難心得候朝鮮之為を被存被申越候趣を注進
  無之其侭゠而差置

(14-05)

正官の口上

- 申し聞かせて頂いた御趣旨は、尤の様に聞える。しかし国元か
  らの差図にある事なので、朴同知の申す分は尤ではあるが[その
  通りに]返翰を請け取りたくとも、そのようにできないのであ
  る。それゆえ右に申した通り、返翰を御直し下さるようお願い
  する。この部分をこのようにして頂きたいなどと申すつもりは
  ない。否の御返答を承る[ならば、それでも構わない。ただ]都へ
  の注進までも、如何かと躊躇されることについては、承服でき
  ない。朝鮮の為を思い、申し伝えたことを、その趣旨を理解す
  ることなく、注進せず、其の侭に差し置く

(14-05)

정관의 구상

- 말씀하여 주신 취지는 당연한 것처럼 들립니다. 그러나 쿠니모
  토(쓰시마)의 지시에 있는 일이라, 박동지가 말씀하신 것은 당연

하기는 합니다만 [그대로의] 반한을 받고 싶어도, 그렇게 할 수 없습니다. 그렇기 때문에 위에서 말씀드린 대로 반한을 고쳐주실 것을 원합니다. 이 부분을 이렇게 하여 주셨으면 합니다라는 식으로 말씀드릴 생각은 없습니다. 부(삭제할 수 없다)의 반답을 받게 [된다면, 그래도 상관없습니다. 그저] 도성에 주진하는 것까지, 그렇게 주저하시는 것에 대해서는 이해할 수 없다. 조선을 위해, 말씀드린 것을, 그 취지를 이해하는 일 없이, 주진하지 않고, 그대로 놓아두는

候儀難成候注進候ハ、又相談之違返翰之変も可有之哉与気遣候由
申候儀是又難落着候いかに不合点之衆たりとも朝鮮亡国之下地拵候
様成儀無之筈候殊書簡請取候ヘハ其跡ニ者如何様之儀も注進成能候由
申聞候段弥難心得候国より誠信之儀注進有之而若都ニ而茂尤ニ思召返
簡御直シ被成儀有之間敷

ようなことは、あってはならないことだと考える。注進すること
となれば、また都での相談は違った結論を生み、返翰の文言も[こち
らの望みとは逆のように]変化するのだと[朴同知は]いうが、そのよ
うな気遣いを申し出ることに対しても、これ又、承服し難いのであ
る。いかに不合点の衆であろうと[戦乱にまで発展し]朝鮮が亡国にな
るような素地を、敢えて作り出すものであろうか。そのような[危険
な行動を取る]筈は無いであろう。殊に、返翰を請け取ってから後で
あれば、どのようなことでも注進に成ったらよいと、そのように申
し聞かせて頂いたが、そのようなことは、いよいよ理解に苦しむこ
とである。我が国から誠信の心によって御注進がなされ、もしも都
に於いて[これを]尤に思われれば、返翰を御直しに成られることは、
有り得ないことではない。

것과 같은 일은, 있어서는 안 되는 일이라고 생각한다. 주진하게
되면, 도성에서의 상담은 다른 결과를 낳아, 반한의 문언이 [우리 쪽
이 바라는 것과는 반대로] 변화하게 된다고 [박동지는] 말하고 있으
나, 그러한 걱정을 말하는 것에 대해서도, 이것 역시, 이해하기 어려
운 일이다. 아무리 이해하지 못하는 무리라 해도 [전란으로 발전하여]

조선이 망국할 수 있는 소지를 일부러 만들어 내겠는가. 그렇게 [위험한 행동을 취할] 리는 없을 것이다. 특히 반한을 받은 후라면, 어떤 일이라 해도 주진해도 좋다라고, 그렇게 들었는데, 그러한 일은 더욱 이해하기 어려운 일이다. 우리나라에서 성심의 마음으로 주진하여, 혹시라도 도성에서 [이것을] 당연하다고 생각하면, 반한을 고치게 되는 일이 없다고는 말할 수 없다.

物ニ而無之候ニ返簡使者請取候与有之ハ縦直り候首尾ニ而も御直シ難被成儀可有之候早々注進有之而唯今之返簡弥請取候様ニ与都より御返答有之ハいかにも請取翌日ニも可致帰国候間急度御注進候而御返答被仰聞候様接慰官江可申達候若御合点難被成儀も候ハヽ近日出会可仕旨申渡

そのような[修正可能な]返翰を、対馬の使者が[はやばやと]請け取ってしまえば、たとえ直るべき首尾にあっても、もう御直しに成ることは難しい。だから早々に都に御注進になって[その結果]唯今の返翰[は変更しない。これ]をいよいよ請け取る様にと、都からの御返答が有れば、いかにも請け取り、翌日にも帰国致すつもりである。それゆえ間違いなく御注進になって[その結果の]御返答を[こちらに]お聞かせ下さるよう、接慰官にお伝え願いたい。もしも御合点に成られ難いことがあれば、近日中に出会い[しかるべき説明を]行うつもりであると、そのような趣旨を申し渡した。

그러한 [수정이 가능한] 반한을, 쓰시마의 사자가 [서둘러] 받아버리면, 비록 고쳐야 되는 상황이라 해도, 이미 고치게 되는 일은 어렵다. 그러므로 서둘러 도성에 주진하여 [그 결과] 지금의 반한[은 변경하지 않는다. 이것]을 그대로 받으라고, 도성에서 반답이 있으면, 어쩔 수 없이 받아서, 다음날이라도 귀국할 예정이다. 그러하니 틀림없이 주진하여 [그 결과의] 반답을 [이쪽에] 들려주시도록, 접위관에게 전해주었으면 한다. 만일 납득하기 어려운 일이 있으면, 근일 중에 만나 [필요한 설명을] 할 계획이라고, 그러한 취지를 전했다.

정사의 파견

장군(德川綱吉)은 납치한 두 조선인을 조선으로 송환하라고 쓰시마한에 명하면서, 이후로 조선어민이 죽도에 도해하는 일이 없도록 조선정부에 요구하라고 명했다. 그러자 쓰시마 번주는 多田与左衛門을 참판사(정사)에 명하고, 都船主(도해하는 일행의 총책임자)에 內山郷右衛門, 封進(회계책임자)에 寺崎与四右衛門을 명했다. 그리고 정사의 파견을 알리는 先向使 永瀬伝兵衛를 부산 동래부에 보내 서류를 건넸다. 서류를 수취한 조선측(동래부)은 두 조선인이 붙잡힌 장소가 조선령 울릉도라고 판명했다. 울릉도를 일본이 일본령 죽도라고 칭하고, 조선인의 도해제금을 요구할 예정이라 한다. 그것은 도리에 맞지 않는 이야기이다. 그렇기 때문에 이 건에 관하여, 과연 어떻게 대응하면 좋을까를 검토하기 시작했다. 그대로 거절하고 싶으나, 그렇게 하면 분쟁을 부를 수도 있다. 조선 측으로서는 고심되는 일이었으나 「사자를 파견하는 것은 거절하고 싶다」라고 거절했다. 그럼에도 쓰시마는 억지로 사자를 파견했다. 12월 22일에 쓰시마한의 정관(정식사자)타다 요자 에몬이 조선을 향해 쓰시시마 부중항을 출발했다. 납치했던 조선인 둘도 같이 출발했다. 정관 일행은 11월 1일에 부산의 절영도에 도착하여, 2일에 초량화관으로 들어갔다. 일본에서 온 참판사와 응대하기 위해, 조선 측에서는, 도성에서 특임 접위관이 동래부로 내려온다 한다. 접위관은 홍문관 교리로 정 5품의 관직에 있는 홍중하(洪重夏)라는 인물이었다.

정사로 부산에 간 타다 요자에몬은 장군의 명령이라는 것을 명분으로, 주저하는 동래부사 성관(成瓘)에게 교섭의 자리에 나올 것을 요구했다. 그리고 접위관 홍중하(洪重夏)가 빨리 동래로 내려올 것을 요청했다. 그러나 정사가 도해한 후, 최초의 연석의례의 준비조차, 아직 일부 실무자 간의 합의도 이루어지지 않았다. 따라서 상의도 시작하지 못했다. 원래 조선 측은 일본이 말하는 죽도가 조선의 울릉도라는 것을 이미 알고 있다. 그러나 조선은 지금까지 고려해보지 않았던 소도의 일로 지금까지 쌓아 올린 일본과의 우호관계를 훼손하고 싶지 않았다. 그러면서도 울릉도에 일본인이 주거하여 일본령이 되는 것도 걱정이었다. 그래서 회담을 끌면서, 정식교섭 이전의 물밑접촉을 개시한다. 어떻게 하면 어려운 문제를 해결할 수 있을지, 서로 합의할 수 있는 것일까. 그것을 먼저 찾고 있었다. 훈도 卜同知가 재판 高勢八右衛門을 방문하여 「죽도는 조선에서 말하는 울릉도이다. 이곳에 두 섬이 있으므로, 하나는 울릉도 또 하나는 죽도로 정하는 것이 좋지 않을까라고 말하고 있습니다. 접위관의 의향도 분명히 그러할 것입니다. 버려두었던 섬이기는 하지만 반드시 울릉도의 일을 이야기할 것이므로, 그와 같은 일이 될 형세입니다」라는 해결방법을 제시했다. 동해에 존재하는 2도, 우산·무릉의 양도를 하나는 조선의 울릉도로, 또 하나는 일본의 죽도로 한다는 안이었다. 그런데 도성에서 내려온 首訳(수석역관) 박동지(朴再興)도 같은 타협안을 제시했다. 박재흥은 1682(天和 2)년에 조선통신사(德川綱吉의 将軍職襲封祝賀) 일행의 일원으로 일본에 간 일이 있는 인물이었다. 그래서 일본사정에 밝다. 그는 쓰시마로 돌아가는 高勢八右衛門의 배에 동선하여, 선중에서 그 타협안을 제시했다. 동해에는 울릉도와 우산도, 그리고 불명의 섬이 존재하는데, 그중의 하나를 죽도로 하고, 남은 것을 울릉도로 하면,

조선의 체면도 서고 일본의 뜻도 이룰 수 있다는 제안이었다. 그러나 쓰시마는 「3도 어느 곳에 조선인이 건너와도, 결국 죽도에 온 것이 되어 문제가 된다. 그럴 경우, 다시 조선 측에 말해야 하지 않겠는가」라며, 박동지의 타협안을 거절했다.

그래도 조선은 「폐방(우리나라)의 해금은 매우 엄중하게 동해 해변의 어민을 제약하여 외양에 나가는 것을 허가하지 않고 있다. 폐경의 울릉도라 해도 요원하다는 이유로, 일체, 임으로 왕래하는 것을 허가하지 않는다. 하물며 그 밖에 있는 섬에 대해서는 말할 필요가 없다. 그런데 이번에 어선이 감히 귀계(귀국의 영역) 죽도에 들어갔는데, 영도하여 송환하는 번거롭게 했는데, 멀리서 서류로 깨우쳐 알려주는 일이 되었다」라는 내용의 반답을 주었다. 그러자 쓰시마 측은, 마치 죽도와 울릉도가 2도인 것처럼 되어 있다. 그러나 실제로는 1도이다. 일본의 죽도가 조선의 울릉도라는, 이 1도 2명의 실정을, 2도인 것처럼 속여서 막부에 보고할 수는 없다. 그래서 이 반서에서 「울릉도」라는 문자를 삭제할 것을 요구하는 교섭이 다시 시작된다. 그러나 조선 측으로서는, 자국 판도의 울릉도를 일본의 요구대로 부정할 수는 없다. 서로의 주장은 결국 결렬되어 교섭은 암초에 부딪쳤다. 원록 7년 2월 22일에 정사 타다요자에몬은 일단 쓰시마로 귀국한다. 그리고 상대역 접위관도 그 역할을 마치게 된다. 이렇게 하여 제1차 교섭은 종료되게 된다.

朴同知口上

- 被仰聞候趣具承候其旨可申達候如何樣接慰官存寄可有御座候間
  返答之趣明日致入館可申入由二而罷帰

朴同知の口上

- お話し下さったことの御趣旨、すっかり承りました。そのことを
  [接慰官に]伝えることに致します。どのように接慰官が、お考え
  になるのか、そのお考えによる返答の趣旨を、明日また和館に入
  館致し、御報告いたします。このように言って帰っていった。

박동지의 구상

- 말씀하여 주신 일의 취지를 잘 알았습니다. 그 일을 [접위관에게]
  전하겠습니다. 어떻게 접위관이 생각하실 것인가, 그것에 따른
  반답의 취지를 내일까지 화관에 입관하여 보고하겠습니다. 그렇
  게 말하고 돌아갔다.

二月十日朴同知初入來搆屋宦向之還來

(14-06)

- 二月十日朴同知入来接慰官より之返答

- 一昨夜御到来御座候而御国より思召寄之趣被仰越具致承知候唯今之返答之趣ニ而江戸[江]被差上候者御不審も有之而重而又被仰越首尾ニ罷成候而者大切ニ被思召候与之儀御尤至極御心入朝鮮之為不浅忝儀ニ而御座候然共欝陵嶋之儀書込被申候儀無拠子細有之吟味相詰候而之儀ニ御座候御誠信之趣早速

(14-06)

- 二月十日、朴同知が[草梁和館に]入館し、接慰官からの返答を申し伝えて来た。[それに対し、また正官も返答した。]

  [朴同知の口上(接慰官からの返答)]

- 一昨夜[御国元から書状の]御到来があり、御国のお考えが[こちらに]伝えられました。その御趣旨については充分に承知致しました。唯今の返翰の内容では、江戸へ差し上げられては御不審を受けるとのこと、御公儀から再度のお問い質しが起こるとのこと、そのような首尾に至っては大変なことと[お考えに成られ]まことに尤に存じます。朝鮮に対し充分な御心入れがあり、浅からぬご配慮、忝なき御親切、まことにありがたく存じます。しかし欝陵嶋のことについては、この文言を返翰の中に書き込まざるを得ない、やむを得ない事情が[朝鮮には]ございます。それなりの深い理由があり、相談の結果、こうして記したものでございます。[対馬の]御誠信の心は、早速、

(14-06)

- 2월 10일에 박동지가 [초량화관에] 입관하여, 접위관의 반답을 전해왔다. [그것에 대하여 또 정관도 반답했다.]

[박동지의 구상(접위관의 반답)]

- 그저께 밤에 [쿠니모토(쓰시마)의 서장이] 도래하여, 쓰시마의 생각이 [이쪽에] 전해졌습니다. 그 취지를 충분히 알았습니다. 지금의 반한 내용으로는, 에도에 올렸다가는 의심을 받는다는 것, 장군이 다시 질문하게 된다는 것, 그러한 상황에 이르면 큰일이라고 [생각하시는 데] 당연한 일이라고 생각합니다. 조선에 대해 많이 걱정하며, 적지 않게 배려하고, 황송한 친절을 보여, 참으로 감사하다고 생각합니다. 그러나 울릉도의 일에 대해서는, 이 문언을 반한에 기입하지 않을 수 없는, 어쩔 수 없는 사정이 [조선에] 있습니다. 그 나름대로 깊은 이유가 있어, 상담한 결과, 이렇게 기록한 것입니다. [쓰시마의] 성신의 마음은 서둘러

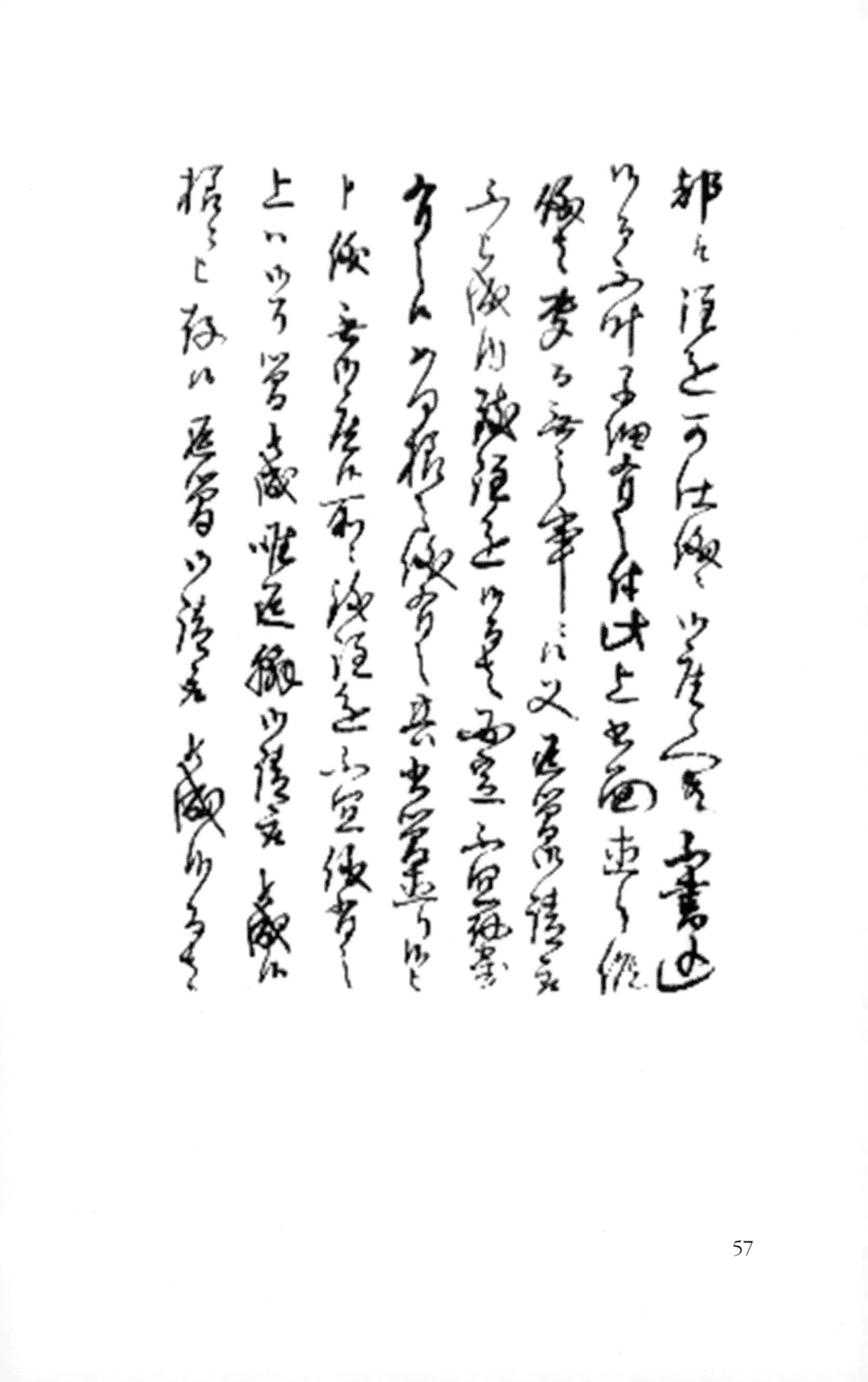

都^江注進可仕儀ニ御座候ヘ共不書込候而不叶子細有之付此上書面直り
候儀者決而無之事ニ候又返簡御請取不被成内致注進候而者必定不宜存
寄有之候如何様之儀有之共書簡直り候与申儀無御座候処ニ致注進不宜
儀有之上ハ御了簡被成唯返翰御請取被成候様ニ与存候返簡御請取被成
候而者

都へ注進致しますが、書き込まざるを得ない[こちらの側の]事情があ
り、この上の書面の修正は、決して有りません。また返翰を御請け
取りに成られぬ内に、注進を致しては、必ずや宜しくない結果が生
じます。どのような理由があろうと、もはや書翰の修正はありませ
ん。そのような所に注進致しますので、宜しくない結果が生じます
が、その[宜しくない]結果については御了解いただかねばなりませ
ん。[対馬にとって最善の手段は]ただ、この返翰を御請け取りに成ら
れることで[そのように行動するのが一番]良いと私は思います。返簡
を御請け取りに成られれば

도성에 주진합니다만, 써 넣지 않으면 안 되는 [이쪽의] 사정이 있어,
이 이상 서면의 수정은, 결코 있을 수 없습니다. 또 반한을 받지 않는
사이에 주진을 하면 반드시 좋지 않은 결과가 생깁니다. 어떠한 이유
가 있다 해도 이미 서한의 수정은 없습니다. 그러한 상황에서 주진하
기 때문에, 좋지 않은 결과가 생깁니다만, 그 [좋지 않은] 결과에 대해
서는 이해하지 않으면 안 됩니다. [쓰시마에게 가장 좋은 방법은] 그
저 이 반한을 받으시는 일로 [그렇게 행동하는 것이 제일] 좋다고 나
는 생각합니다. 반한을 받으시게 되면,

何角具ニ都江為申登十四五日ニハ返事参事ニ候間御帰国前都之心入返答
慥可申入候欝陵嶋を書込申儀者日本ニも何事にもかゝハり為申儀ニ而
曾而無之唯朝鮮之為斗ニ而候重而御使者被差渡候儀も都ニ能合点ニ而前
以積り之内ニ而御座候御使者又々被差渡候とて大事にも不及朝鮮外聞
ニも不罷成様極而

[その後]都へ何かと詳しく報告を上げ、十四、五日のうちには都から
返事が参ります。すると御帰国の前に、都から心づかいの返答が、
ここに確かに添えられます。欝陵嶋を書き込むことは、日本にとっ
て何の関わりも無いことです。これはただ朝鮮の為ばかりの文言で
ございます。[御公儀から]重ねての御使者が[朝鮮へ]差し渡されて
も、都では[その旨は]能く合点しておりますから、前以て、その積り
の内に処理を致します。だから御使者が再々に差し渡されたからと
いって[御懸念されるような]大事に至るということはございません。
朝鮮の外聞にも、悪影響を及ぼさぬよう、極めて

[그 후] 도성에 어떻게든 자세하게 보고를 올려, 14, 5일 안에는 도성에
서 답이 옵니다. 그러면 귀국하기 전에, 도성에서 신경을 쓴 반답이, 이
곳에 분명 딸려옵니다. 울릉도를 기입하는 일은, 일본에게 아무런 상관
도 없는 일입니다. 이것은 오직 조선만을 위한 문언입니다. [장군이] 계
속해서 사자를 [조선에] 파견한다 해도, 도성에서는 [그 뜻을] 잘 이해
하였으므로, 미리, 결정한 범위 내에서 처리합니다. 그러므로 사자가
계속해서 파견된다 해도 [걱정하시는 것과 같은] 큰일이 발생하는 일
은 없습니다. 조선의 체면에도 나쁜 영향을 끼치지 않도록, 아주

了簡御座候間此旨御心易思召御気遣不被成御国^江も可被仰上候此段者
接慰官東莱請合申候重而被仰越とて結構に仕候心入者唯今之返簡^ニ而
相知申事^ニ候能御了簡被成候へ御国より被仰越候御誠信之儀都^江致注
進候而彼方より否之返答之趣申入候へハ接慰官者取次一篇^ニ而是程慥
成儀者無御座候得共致注進

巧妙に対応する考えです。このようなことでございますから、御心
配なさらぬよう、お気遣いなさらぬよう、御国へお伝え下さい。こ
のことは朴同知が接慰官および東莱府使に了解を取り、その上で、
お話し致しているのでございます。重ねてのお申し出は、もうお話
し下さらなくても結構です。対馬からのお心づかいは、唯今の返簡
によって[接慰官や東莱府使には充分に伝わり]承知致しております。
そのことを能く御了解下さい。御国からお申し出のあった御誠信[に
基づく要望]は、都へ注進致しても、あちらからは[当然]否の返答で
あります。そのような申し入れを[受けて都へ伝える]接慰官は[もは
や単なる]取り次ぎ一篇の役割でしかなく[何の意味もありません。]
これ程確かな結果は、他に無い程でありますが[それでも、なお注進
を申し出るとは、そこに果たして、どのような意味があるのでしょ
うか。そのように]

적절하게 대응할 생각입니다. 이와 같은 일이므로 걱정하지 않으시도
록, 신경 쓰시지 않으시도록 귀국에 전해 주세요. 이 일은 박동지가 접
위관 및 동래부사의 허가를 받아, 그 위에 이야기하고 있는 것입니다.
거듭되는 요구는, 더 이상 말하지 않아도 충분합니다. 쓰시마가 마음

을 쓰는 것은, 지금의 반간으로 [접위관이나 동래부사에게 충분히 전해져] 알고 있습니다. 그것을 잘 알아주십시오. 귀국에서 요구했던 성신[에 근거하는 요망]은 도성에 주진해도, 저쪽에서는 [당연히] 거부하는 반답입니다. 그러한 요구를 [받아서 도성에 전하는] 접위관은 [이미 단순히] 주선하는 역할일 뿐이라 [아무런 의미도 없습니다.] 이 정도로 분명한 결과는 달리 없을 정도 입니다만 [그래도 다시 주진을 요구하는 일은, 그것이 과연, 어떤 의미가 있을까요. 그렇게]

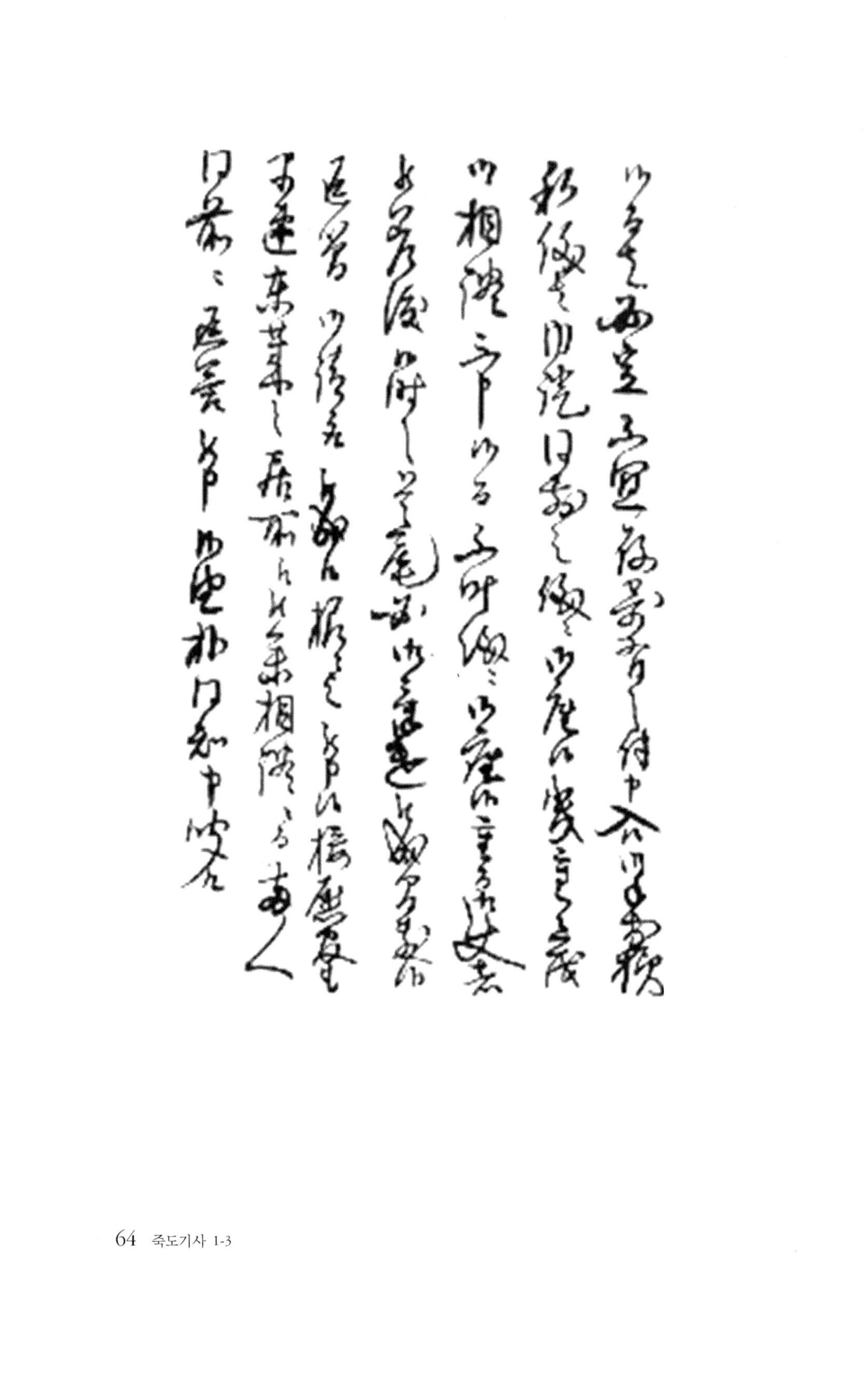

候而者必定不宜存寄有之付申入候御手前様私儀者内証同前之儀ニ御座
候幾重ニ茂御相談不申候而不叶儀ニ御座候重而御使者被差渡候時之首
尾必御気遣被成間敷候返簡御請取被成候様ニ与被申候接慰官も早速東
莱之居所江被参相談ニ而両人同前ニ返答被申候由朴同知申聞候

注進致しては、必ずや、宜しからざる結果が到来して参ります。そ
れゆえ、こうしてお話し申しているのです。御手前様と私との間
は、内証同前の話しができる間柄でございます。何度でも繰り返し
相談ができる間柄でございます。[だから正直に申し上げますが、た
とえ御公儀から]重ねての御使者が[朝鮮へ]差し渡されて来ても、そ
の折の首尾は[それなりに問題なく運びます。御心配なさる必要はな
く]決して御気遣いに成られぬように[御国元へお伝え下さい。そして
只今の]返翰を[何としても]御請け取り下さいますよう、お伝え下さ
い。接慰官も早速、東莱府使の居る所へ参られ、お二人は相談し、
両人ともが、この通りのことを返答なさっておられました。朴同知
は、このように申していた。

주진하면 반드시 좋지 않은 결과가 도래합니다. 그렇기 때문에 이렇게
말하고 있는 것입니다. 당신과 나 사이는, 비밀 같은 이야기도 할 수
있는 사이입니다. 몇 번이고 되풀이해서 상담할 수 있는 사이입니다.
[그래서 솔직히 말씀드립니다만, 가령 막부에서] 거듭해서 사자를 [조
선에] 차견한다 해도, 그때의 일은 [그 나름대로 문제 없이 진행됩니
다. 걱정하실 필요 없으니] 조금도 신경을 쓰지 않도록 [귀국에 전해
주세요. 그리고 지금의] 반한을 [아무래도] 받아주시도록 전해 주세요.

접위관도 서둘러 동래부사가 있는 곳에 가서, 둘이 상담하여 두 사람이, 이대로의 일을 반답하셨습니다. 박동지는 이렇게 설명했다.

正官返答

- 被仰聞候趣得其意御尤ニハ存候得共注進被成不宜思召入有之与之
儀難心得事ニ候御返簡之内爰を御除是を御直シ抔与申儀ニ候者左
様可有之事ニ候を国元より之了簡一篇を被仰登候儀別而可障事ニ
ハ不存候返翰請取候而之

正官の返答

- お話し下さった内容は、よく了解でき、尤もに思うところであ
る。しかし注進すれば宜しからざる結果に至ると、そのような
考えは受け容れることができない。御返翰の内容について、こ
こを御除き下さい、これを御直し下さい、などと申しているわ
けではない。本来こう有るべきであるという事を述べたまで
で、国元からの意見の一片を申し上げただけである。それゆえ
格別に支障の有るようなことを[改めて]述べたものではない。ま
た御返翰を請け取れば、

정관의 반답

- 말씀해주신 내용은 잘 이해할 수 있고, 당연하다고 생각하는 바
이다. 그러나 주진하면 좋지 않은 결과에 이른다고 하는 그러한
생각은 받아들일 수 없다. 반한의 내용에 대해서, 이곳을 삭제해
달라, 이것을 고쳐 달라 등을 말하고 있는 것이 아니다. 본래 그
렇게 해야 할 것을 말했을 뿐으로, 쿠니모토(쓰시마)의 의견 하나
를 말씀드렸을 뿐이다. 그렇기 때문에 각별히 지장이 있을 것 같
은 것을 [새삼스럽게] 이야기한 것이 아니다. 또 반한을 수취하면,

以後にハ 具ニ御注進被成都表より之御返答御心入帰国前ニハ可被仰聞
由是又難落着事ニ候一旦被仰登重而使者被差渡候首尾ニ候共欝陵嶋之
儀被差除儀難被成候与之御事ニ候者夫迄ニ而候万ニ一も対州より之御心
入尤ニ候間可被差除と有之儀も御座候時使者御返簡請取候而ハ御直シ
難被成儀も可有御座候又拙子了簡斗ニ而申入事ニ候者任仰候

それ以後、充分に御注進に成り、都表からの御返答や御心づかい
を、帰国前にお聞かせ下さるなどとは、これまた[逆の発想で]承服で
きない。取り敢えず都へ申し上げ、重ねて使者を送り、さらに申し
上げるような首尾に至ろうと、欝陵嶋の文言が除かれることは無い
との御意見を述べられたが[そのように断定されてしまっては]それ迄
のことである。万が一にも、対州からの御心づかいが尤もであると
[朝廷方が]お気付きになり[その結果]差し除くことが起こるかもしれ
ない。そのような場合、使者が御返翰を請け取ってしまっていれ
ば、もう修正は困難である。また拙者の考えだけで申し入れている
のであれば、そのような御意見に委ねてもよいが

그 이후에 충분히 주진하여, 도성에서 반답이나 마음의 표시를, 귀국
하기 전에 들려주신다는 것 등은, 이것 역시 [역발상으로] 승복할 수
없다. 어쨌든 도성에 말씀 드려, 거듭해서 사자를 보내, 다시 말씀드
리는 것과 같은 상황이 되어도, 울릉도라는 문언이 삭제되는 일은 없
다고 의견을 말씀하셨으나 [그렇게 단정하여 버리면] 그만이다. 만일
에 다이슈우의 걱정이 당연한 것이라면 [조정에서] 아시고 [그 결과]
삭제하는 일이 일어날지도 모른다. 그러할 경우, 사자가 반한을 받아

버렸다면, 다시 수정하는 일이 곤란하다. 또 졸자의 생각만으로 요구
하고 있는 것이라면, 그러한 의견에 따라도 되지만,

儀も可有御座候得共此方より念入申越候上国より之了簡ニ候ヘハ無御
注進候而致帰国候時者拙子首尾茂不宜候間乍慮外使者之身ニ御成被成
御了簡可被成候右申候様何そ望有之而之事ニ而無之了簡之趣被仰届迄
之儀ニ候得者御注進被成相障儀可有之とハ不被存事ニ候被仰聞候通貴
様拙子儀者内証同前之儀ニ御座候幾重ニ茂得御内談可申候拙子身に

対馬の国元から、この事は念入りに申し遣わされている上、さらに
日本国の公儀から出たお考えでもあるから、御注進が無いまま、帰
国などできない。拙者の首尾も宜しくないと[そうなれば処罰されて
しまう。]恐縮なことではあるが、使者の身にも成っていただき、御
了解をいただきたい。右に申したように、他に望むところは無く、
ただこれだけの了簡である。こちらの意見を、ただ都に届けていた
だく迄のことである。御注進に成って、何の支障もある話では無
い。お話し下さった通り、貴殿と拙者との間は、内証同前の話がで
きる間柄である。何度も繰り返し内密の相談をして来た間柄であ
る。ここは拙者の身に

쓰시마 본국에서, 이 일을 심각하게 말하여 보낸 이상, 또 일본국의
장군한테서 나온 생각이므로, 주진하는 일 없이 귀국하는 일은 있을
수 없다. 졸자의 처지도 좋지 않아 [그렇게 되면 처벌되고 만다.] 죄송
합니다만, 사자의 처지도 생각하여, 이해해주었으면 좋겠다. 위에서
말씀드린 대로, 달리 원하는 것은 없고, 그저 이것만을 바란다. 이쪽
의 의견을 그저 도성에 알려 달라는 것뿐이다. 주진하여 어떤 지장이
있는 이야기가 아니다. 말씀하신 대로, 귀전과 졸자 사이에는 비밀 같

은 이야기도 할 수 있는 사이이다. 몇 번이고 되풀이하여 비밀 상담
을 해 온 사이이다. 이번에는 졸자의 처지가

御替り御了簡被成宜御注進被成候様ニ此上にも御注進難被成思召入も
有之者近日出会可仕候間ﾆ御太儀御両人此方江御越被成候様ニ申渡ス

成り替わり、考えて見ていただきたい。そして了解していただき、
宜しく御注進をお願いしたい。その上にも、なお御注進が成られ難
いとお考えであれば、近日にも両人(接慰官と東莱府使)にお目に掛か
りたい。ご面倒なことで申しわけないことではあるが、御両人に、
こちらへ御越し願いたいと、そのように朴同知に申し伝えた。

되어 생각하여 주었으면 한다. 그리고 이해하여, 잘 주진하여 줄 것을
원한다. 그래도 주진하기 어렵다고 생각하면, 근일에라도 양인(접위
관과 동래부사)를 뵙고 싶다. 귀찮은 일로 미안하기는 하지만 두 사
람에게, 우리 쪽으로 오시는 것을 부탁하고 싶다라고, 그렇게 박동지
에게 전하였다.

【참고자료】

기사환국(己巳換局)

　조선숙종 때 소의(昭儀) 장씨 소생의 아들 윤(昀)을 왕세자로 삼으려는 숙종에 반대한 송시열 등 서인이 이를 지지한 남인에게 패배하고, 정권이 서인에서 남인으로 바뀐 일이다. 일명 기사사화라고도 한다. 숙종은 오랫동안 아들이 없었는데 장소의가 완자 윤을 낳았다. 왕은 크게 기뻐하여 원자로 삼고 장소의를 희빈으로 책봉하려 하였으나 서인들이 반대하므로 남인들의 도움을 얻어 왕자를 원자로 세우려 하니 서인들은 노·소론(老少論)을 막론하고 왕비 민씨(閔氏)가 아직 젊으니 후일까지 기다리자고 주장했다. 숙종은 1698(숙종 15)년에 서인의 요청을 묵살하고 원자의 명호(名号)를 정하고 장소의를 희빈으로 책봉하였다. 송시열은 두 번이나 상소를 하여 송나라의 신종(神宗)이 28세에 철종(哲宗)을 낳았으나 후궁(後宮)의 아들이라 하여 번왕(藩王)에 책봉하였다가 적자(嫡子)가 없이 죽음에 태자로 책봉되어 신종의 뒤를 계승하였던 예를 들어 원자 책봉의 시기가 아님을 주장하였다.

　숙종은 이미 원자의 명호가 결정되었는데 그런 말을 한다는 것은 잘못이라 하여 분하게 여기던 차, 남인 이현기(李玄紀)·남치훈(南致薰)·윤빈(尹彬)·이익수(李益壽) 등이 송시열의 상소를 반박하여 왕의 의견을 좇으니 송시열을 파직시키고 제주도에 유배시킨 후 사사(賜死)하였다. 이 밖에 송시열의 의견을 따랐던 서인 김수흥(金壽興)·김수항(金壽恒) 등 수명이 파직 유배되었다. 이 사건 후 남인 권대운(權大運) 등이 등용되었다. 이후 갑술옥사 때까지 남인이 정권을 잡았다(위키백과, 우리 모두의 백과사전).

(14-07)

- 与左衛門方より二月十四日御国御家老中江差越候書状之略

- 昨日接慰官方より之返答ニ申来候ハ段々被仰聞候趣致承知御尤存
  候乍然右以申達候通欝陵嶋之儀書込不申候而不叶子細有之談合
  為相極事ニ御座候御国より被入御念御誠信之趣者朝鮮之為ニ茂不
  浅忝儀奉存候故

(14-07)

- 二月十四日、与左衛門方から御国の御家老中へ宛てて、書状が
  差し出された。その概略である。

- 昨日、接慰官方から[こちらの申し出に対する]返答が来た。[そ
  れは次のような内容である。]一つ一つ申し出られた御趣旨につ
  いて、よく承知致し、御尤に存ずる次第である。然しながら以
  前に申し伝えた通り、欝陵嶋の事は、書き込まずに済ますわけ
  には行かぬ事情が有り、相談の結果、決定したことである。対
  馬国からの御心づかい、御誠信の心は、朝鮮の為には有りがた
  いこと、忝ないことと、承知いたしている。

(14-07)

- 2월 14일에 요자에몬이 쓰시마의 가로에게 바치는 서장을 보냈
  다. 그 개괄이다.

- 어제, 접위관님한테서 [우리들의 요구에 대한] 반답이 왔다. [그
  것은 다음과 같은 내용이다.] 하나하나 말씀하신 취지에 대해, 잘
  이해하고 당연하다고 생각하는 바이다. 그러나 이전에 말씀드린

대로 울릉도의 일은, 기록하지 않고 끝내는 일을 할 수 없는 사
정이 있어, 상담한 결과, 결정한 일이다. 쓰시마에서 마음을 써
주는, 성신의 마음은 조선을 위해 고마운 일, 황송한 일이라고
알고 있다.

早速都ｴ可致注進儀ﾆ御座候得共唯今為申登候而も書面直り申儀決而無之事候還而又亘ヶ間敷存寄御座候欝陵嶋之儀書込候とて日本之御為ﾆ少も障儀無之事候重而又御使者被差渡候共亘了簡御座候間御気遣被成間敷候国王之命ﾆ罷下候へハ王之名代ﾆ而御座候故都ｴ致注進候同前之儀ﾆ御座候致帰京候者御誠信之趣具ﾆ

それゆえ早速都へ注進を致したく思うのであるが、ただ今、御報告を上げても[朝廷内の事情は変化しており]決して書面の内容が直ることは無い。かえって好ましくない事態に発展する。このように欝陵嶋の事を書き込んだからといって、日本にとって少しも支障のあることでは無い。たとえ重ねて又、御使者を差し渡されるようなことになっても、やはり良い結果にはならない。この事については、もう御気遣い成さらぬようにしていただきたい。私、接慰官は、国王の命令によって都から罷り下っており、いわば国王の名代である。それゆえ[私への報告は]都へ注進致し国王へ報告するのと同前のことと[思っていただかなくてはならない。やがて私が]帰京致した節には、対馬の御誠信の趣旨を国王に詳細に

그렇기 때문에 서둘러 도성에 주진하고 싶다고 생각합니다만, 지금 보고를 올려도 [조정 안의 사정이 변해서] 서면의 내용을 고치는 일은 결코 없다. 오히려 바람직하지 못한 사태로 발전할 것이다. 이렇게 울릉도의 일을 기입했다고 해서, 일본에게 조금도 지장을 주는 것이 아니다. 설령 거듭해서 다시 사자를 파견하는 일이 된다 해도 역시 좋은 결과가 되지 않는다. 이 일에 대해서는 더 신경을 쓰지 않았으

면 한다. 나 접위관은 국왕의 명령으로 도성에서 내려왔으므로 말하
자면 국왕의 대리이다. 그렇기 때문에 [나에게 하는 보고는] 도성에
주진하여 국왕에게 보고하는 것과 같은 일이라고 [받아들이지 않으
면 안 된다. 결국 내가] 귀경했을 때는 쓰시마의 성신하는 취지를 국
왕에게 상세히

申達事候重而御使者被差渡候共成程首尾能可仕候此段御国江茂被仰上
御使者にも心安被思召候而唯返翰御請取可然之由申来候付為念接慰官
方より口上書請取置明十五日御返翰請取来ル廿二日乗船仕筈ニ御座候

報告致すので、重ねて御使者を差し渡され[その御誠信を再度伝えよ
うとしても意味は無い。私から]首尾能く御報告を致すので、この事
は御国へもお伝え願い、御使者も心安くお考えいただきたい。その
上で、ただ返翰を御請け取りになり[御帰国の途に付き]然るべき[報
告を御公儀へお願いしたい。]このようなことを申し伝えて来た。そ
れゆえ念の為、接慰官方から、この事を記した口上書を請け取っ
た。そして明日の十五日に[正式に]御返翰を請け取る事にして、来た
る二十二日[対馬に帰国のため]乗船する手筈とした。

보고할 것이니 거듭해서 자자를 보내어 [그 성신을 다시 전하려 해도
의미가 없다. 내가] 잘 보고할 것이니, 이 일은 귀국에도 전해 주기 바
란다. 사자도 마음 편하게 생각하기 바란다. 그리고 그저 반한을 수취
하여 [귀국의 길에 올라] 그러한 [보고를 장군에 올려주기 바란다.] 이
와 같은 일을 전해 왔다. 그렇기 때문에 만일을 위해, 접위관이, 이 일
을 기록한 구상서를 받았다. 그리고 내일 15일에 [정식으로] 반한을 받
기로 하고, 오는 22일에 [쓰시마에 귀국하기 위해] 승선하기로 했다.

接慰官分與……口上書た……

今番

貴州之懃念備詳悉與誠信

至意定出為弊邦之義而苟鬱陵二字載載書面

不得以不已而意有所在也雖達京都決無刪改今

若

答聞事機不宣也以誠信言之則荅書傳授之後即

可修　答至於還朝亦當口達亦宜乎接慰奉

國命乃是 王以瞭朝廷之言鄉接慰之言也盖嘗亦
来可以便宜處之 勿慮安之以此縣告最宜而
不可轉 啓無益唯在於書傳授之為愈也
甲戌二月 日
接慰官

(14-08)

・接慰官より与左衛門^江之口上書左^ニ記之

今番

貴州^ノ之慇念備^ニ詳悉^ス矣誠信^ノ

至意寔^ニ出^ヅ下為^{ニスルノ}二弊邦^ノ一之儀^ニ上而第(ただ)欝陵^ノ二字裁^ニ載^{スル}

^{コト}書面^ニ

不^{シテ}レ得レ不^{ルコトヲ}レ已^マ而意有^リレ所在^ル也雖^{フトモ}レ達^{スト}二京都^ニ一決^{シテ}

無^シ二刪^ニ改今

若^シ

啓聞^{セハ}事機不^ルレ宜^{カラ}也以^テ二誠信^ヲ一言^{フトキハ}レ之^ヲ則咨書伝授^ノ之後即^チ

可^シ二修啓^ス一至^{テモ}二於還^{ルニ}一レ朝^ヲ亦当^ニシ^ニ口^{カラ}達^ス不^{スヤ}二亦宜^{ナラ}一

乎接慰^ハ奉^ニ

承^シ

国命^ヲ二乃是レ王^ノ人^{ナルトキハ}則朝廷^ノ之言^ハ即^チ接慰^ノ之言^{ナリ}也差官^モ亦

来^テ可^シト以^テ二便宜^ヲ一処^ス上レ之^ヲ勿^クレ慮^{ルコト}安心^{シテ}以^テレ此^ヲ帰^リ告^{ルコ}

ト最^モ宜^シ而

不^レ可^ラ二転^ニ啓^ス無^{キコトヲ}一益唯在^リ二咨書伝授^ノ之為^{スルニ}一レ愈^{レリト}也

甲戌二月　日　　　　　　　　　接慰官

(14-08)

・接慰官から与左衛門への口上書を左に記す。

口上書

[真文]

今番貴州之懃念備詳悉矣誠信至意寔出為弊邦之儀而第欝陵二字裁載書面不淂不已而意有所在也雖達京都決無刪改今若啓聞事機不宜也以誠信言之則荅書伝授之後即可修啓至於還朝亦当口達　不亦宜乎接慰奉承国命乃是王人則朝廷之言即接慰之言也差官亦来可以便宜処之勿慮安心以此帰告最宜而不可転啓無益唯在荅書伝授之為愈也　甲戌二月日　接慰官

[読み下し文]

今番、貴州の懃念(ぎんねん)、備(つぶさ)に詳悉す。誠信の至意、寔(まこと)に弊邦の為にするの儀に出ず。而して第(ただ)欝陵の二字、書面に裁載する事、已(や)まざる事を得(え)ざりして、意在る所有る也。京都に達すと雖ども、決して刪改(さっかい)無し。今若(も)し啓聞せば、事機宜しからざる也。誠信を以て之を言う時は、則ち荅書伝授の後、即ち修啓す可し。朝に還るに至りても、亦当に口から達すべしに、亦宜しからずや。接慰は国命を奉承し、乃ち足れ王の人なる時は、則ち朝廷の言は、即ち接慰の言也。差官も亦来りて便宜を以て之を処す可し。慮る事勿く安心して此を以て帰り、告る事最も宜し。而して益無き事を転啓すべからず、唯、荅書伝授の愈(まさ)れりと為するに在る也。甲戌二月日、接慰官

[現代語訳]

今回の貴州(対馬)の懃念(御心づかい)を、備(つぶさ)に詳悉(こと細

かく理解)した。その誠信の至意(真意)は、まことに我が国の為に
と、心を配っているものである。それゆえ、ただひたすら欝陵とい
う二字を、書面上に書き載せ無いよう、そうならないよう意を尽く
している。だが、そのような真意を京都に転達しようとしても、決
して朝廷での書き改めは無い。今もし上啓すれば、むしろ事情は
[いっそう]悪くなる。誠信を以て[対馬が]このことを言おうとすれ
ば、返答の書簡が[対馬に]伝授された後に上啓すべきである。[やが
て私が]朝廷に還り報告する場合でも、まさにこれは口答で行うべき
ことである。そうでないと宜しく無いことが起こる。接慰官は国命
を奉じ承っていて、是の事は国王たる人の意思[を代弁するもの]で、
それは朝廷の言[と言う事]である。それはまた接慰官の言という事に
も繋がっている。それゆえ差官(御使者)もまた、ここに来て、このこ
とを承け、便宜を以て処理すべきである。あれこれと心をめぐらす
ことなく、安心して此の書簡を受け取り、帰国し報告することが最
も宜しいことである。だから益の無いことを転送し、上啓するべき
ではない。唯、返答の書簡を持ち帰り伝えるのが、なによりも愈(ま
さ)る在り方である。

　　甲戌二月　　日　　　　　　　　　　　　　接慰官

접위관이 요자에몬에게 보낸 구상서를 아래에 기록한다.

　이번에 귀주(쓰시마)가 마음을 쓰신 것을 자세히 이해했다. 그 성
신의 진의는 그야말로 우리나라를 위한다고 마음을 배려하고 있는
것입니다. 그렇기 때문에 오직 한결같이 울릉이라는 2자를 서면 상에
기재하지 않으려고, 그렇게 하지 않으려고 노력하고 있다. 그러나 그

러한 진의를 도성에 전달하려고 해도, 결코 조정에서 고치는 일은 없다. 지금 만일 상계하면 오히려 사정은 [한층] 나빠진다. 성신으로 [쓰시마가] 이 일을 말하려고 한다면, 반답의 서간이 [쓰시마에] 전수된 후에 상계해야 한다. 그렇지 않으면 좋지 않은 일이 일어난다. 접위관은 국명을 받들고 있어, 이 일은 국왕의 의사[를 하는 자]로, 그것은 조정이 말[이라고 말하는 것]이다. 그것은 또 접위관의 말이라는 것과도 연결되어 있다. 그렇기 때문에 차관(사자)도 역시 이곳에 와서, 이것을 받아, 편리하게 처리할 수 있다. 이것저것 마음을 쓰는 일 없이 안심하고 이 서간을 수취하여 귀국에 보고하는 것이 가장 좋은 일이다. 그러니 이익이 없는 일을 전송하여, 상계해서는 안 된다. 그저 반답의 서간을 소지하고 돌아가 전하는 것이 가장 좋은 방법이다.

　갑술 2월　일　　　　　　　　　　접위관

註１、右の返翰を請け取り帰国

一旦、この返翰の文言で、そのまま請け取り、帰国ということになっていた。これで決着ということである。多田与左衛門も、これがぎりぎりのところと判断していた節がある。そして帰国のため、出宴席(出船の宴席)が準備される。そのような中、対馬本国において、この返翰の内容では不十分であるとの意見が出され、再度、交渉の継続という事になった。その国元からの書簡が、出宴席の後に多田のもとに届けられたから、多田は大いに困惑してしまった。それが大綱十五段と十六段の内容である。この大綱十四段の内容は、一旦これで両国は合意と、そのようなところまで辿り着いていたことを示している。だがその合意は対馬側の意図により、翻ってしまった。『通航一覧』巻百三十七には「是は対馬殿吟味過して、結局仕損じと政所にては申し候」との記載がある。当時、幕閣でも、対馬の強硬路線が交渉の失敗を招いたと見ていた。すなわち対馬の失態であったと論じている。

쓰시마의 과욕

일단, 이 반한의 문언을, 그대로 수취하여 귀국하는 것으로 되었다. 이것으로 결착되는 것이다. 타다 요자에몬도 이것이 한계라고 판단한 것 같은 흔적이 있다. 그래서 귀국하기 위한 출연석(출선의 잔치)이 준비된다. 그러하는 사이에 쓰시마 본국에서는, 이 반한의 내용으로는 불충분하다는 의견이 나와, 다시, 교섭의 계속이라는 일이 되었다. 그 본국에서의 서간이 출연석이 끝난 후에 타다에게 전달되었으므로, 타다는 크게 곤란했다. 그것이 대강 15단과 16단의 내용이다. 이 대강

14단의 내용은, 일단 이것으로 양국은 합의라는, 그러한 상황까지 이르렀다는 것을 나타내고 있다. 그러나 그 합의는 쓰시마 측의 의도로 뒤집어져 버렸다.『통항일람』권137에는「이것은 쓰시마토노의 생각이 지나쳐, 결국 일을 그르쳤다고 만토코로에서는 말한다」라는 기재가 있다. 당시 막각에서도 쓰시마의 강경로선이 교섭의 실패를 부른 것으로 보고 있었다. 즉 쓰시마의 실태였던 것으로 논하고 있다.

註2、親や女房や子どもたち

　最近発見された朴於屯の戸籍によれば、朴於屯の父は朴已山で、祖父は朴国生である。朴於屯の妻は千時今といい、妻の父は千鶴、母は卜春である。安竜福については、その家族名は不明である。

박어둔의 가족

　최근 발견된 박어둔의 호적에 따르면, 박어둔의 부는 박기산이고, 조부는 박국생이다. 박어둔의 처는 천시금이라 하고, 처의 부는 천학, 모는 복춘이다. 안용복의 가족명은 불명이다.

註3、蔚山の地頭

蔚山府使のことである。

울산의 지두는 울산부사를 말한다.

註4、誰々という九人

上船したのは十人で、そのうち一人は煩いがあり、寧海に残し、残る九人で欝陵島に渡った。この『竹島紀事』に九人の名が記されている。また『因府歴年大雑集』にも九人の名があり、『辺例集要』にも、その名が残っている。一応、合致させて次に掲げておく。あくまでも試案である。

①因府歴年大雑集	②竹島紀事	③辺例集要
アンヘンチウ(船頭)	アンヨグ	安龍福
トラヘ(ウルサンの者)	バクトラヒ	朴於屯
ヨチェンギ	キムヨチヤキ(船頭)	金自信
トクセンギ(ウルサンの者)	キムトグソイ(ウルサンの者)	金徳生
バタイ(鍛冶)	キンバタイ	金加之同
イハンニン(去年の者)	イハニ(ウルサンの者)	李還梁
セホテキ(大工)	セコチ(ウルサンの者)	淡沙里
ヤガイ(去年の者)	チヤグチヤチュン(ウルサンの者)	徐化立
テンツウェン(ウルサンの者)	キンデントイ	等
名不覚人(去年の者)	寧海で下船した人物	等

울릉도에 도해한 아홉 사람

승선한 것은 10인이었는데, 그중 한 사람은 병이 들어 영해에 남기고, 나머지 9인이 울릉도로 건너갔다. 이 『죽도기사』에 9인의 이름이 기록되어 있다. 또 『인부역년대잡집』에도 9인의 이름이 있고, 『변례집요』에도 그 이름이 남아 있다. 일단 합치시켜 다음에 실어 둔다. 어디까지나 시안이다.

①인부역년대잡집	②죽도기사	③변례집요
안헨치우(선두)	안요구	안용복
토라헤(울산사람)	바쿠토라히	박어둔
요치엔기	키무요치야키(선두)	김자신
토쿠센기(울산사람)	키무토구소이(울산사람)	김덕생
바타이(대장장이)	킨바타이	김가지동
이한닌(작년사람)	이하니(울산사람)	이환량
세호테키(목수)	세코치(울산사람)	담사리
야가이(작년사람)	치야구치야춘(울산사람)	서화립
텐쓰우엔(울산사람)	킨덴토이	등
이름을 모르는 자(작년사람)	영해에서 하선한 인물	등

註5、慶尚道の巡察使

　各道の軍務を巡察した官吏を巡察使と言うが、通常これは各道の監察使が兼務した。すなわち慶尚道の監察使(監司)のことである。朝鮮の行政区画は、まず全国を八道に分け、その下に府、牧、郡、県を置いた。それぞれの長官は、この順に監察使(監司)、府使(府尹)、牧使、郡守、県監(県令)である。

경상도 순찰사

　각도의 군무를 순찰한 관리를 순찰사라고 말하는데, 통상 이것은 각도의 감찰사가 겸무했다. 즉 경상도의 감찰사(감사)를 말한다. 조선의 행정구획은 전국을 8도로 나누고, 그 아래에 부, 목, 군, 현을 두었다. 각각의 장군은 순서대로 감찰사(감사), 부사(부윤), 목사, 군수, 현감(현령)이다.

註6、判書

六曹の長官を判書という、次官が参判である。

판서

6조의 장관을 판서라 한다. 차관이 참판이다.

⊙同七年二月十八日を爲一行而あ序設行

立てや。

【大綱一五段(元祿七年二月②)】

(15-00)

○ 同七年二月十八日与左衛門一行出宴席設行在之也

＝

【大綱一五段(元祿七年二月②)】

(15-00)

○ 元禄七年二月十八日、与左衛門一行は出宴席(出船の宴席)に出
席、宴の設行が在った。

【대강15단(겐로쿠 7년2월②)】

(15-00)

○ 겐로쿠 7년 2월 18일에 요자에몬 일행이 출연석(출선의 잔치)에
출석하여 연의 설행이 있었다.

出家席之式長萬門法源。而相之以家不
池人

(15-01)

- 出宴席之式与左衛門記録ニ不相見候故不記之

(15-01)

- 宴席に[一行は]出席したが、その式次第については、与左衛門の
  記録に無いため、ここに記さない。

(15-01)

- 연석에 [일행이] 출석했으나 그 식의 상황에 대해서는 요자에몬
  의 기록이 없어, 이곳에 기록하지 않는다.

二月廿一日 四□□□花船隔海□□四□□老中□

二月十六日□□□□□□三□□九□□

(15-02)

- 二月廿一日御国より飛船渡海御国御家老中より二月十八日之書
  状到来其略左記之

(15-02)

- 二月二十一日、御国から飛船の渡海があった。御国御家老中か
  らの二月十八日付書状の到来である。その概略を左に記す。

(15-02)

- 2월 21일에 나라(쓰시마)에서 선박이 건너왔다. 나라의 가로가 2
  월 18일부로 보낸 서장의 도래였다. 그 개략을 아래에 기록한다.

・阿比留惣兵衛ニ申含候口上之趣幷書面之通朴同知召寄接尉官東莱
　　^江茂被申達返答之様子朴同知申聞候段之委細帳面ニ

・阿比留惣兵衛に申し含めておいた口上の趣旨、ならびに書面に
記した通りのことを、朴同知を召し寄せ[語り聞かせ、その結果]
接尉官や東莱府使へも申し伝えたとのこと[それを確かに承っ
た。さらに]その[接尉官や東莱府使の]返答の様子を、朴同知が
申し伝えて来たとのことを[これまた確かに承った。]そのような
委細を帳面に

・아비루 소우베에에게 말해둔 구상의 취지 및 서면에 기록한 대
로의 일을, 박동지를 불러 [이야기하여, 그것을] 접위관이나 동래
부사에게도 전했다는 일[을 분명히 들었다. 또] 그 [접위관이나
동래부사의] 반답하는 내용을, 박동지가 전해 왔다는 것 [이것도
분명히 들었다.] 그처럼 자세한 것을 장부에

記之被差越具令披見候朴同知返答之趣二而ハ此方より之思召寄之通具

接慰官東莱^江茂不申達其身一分之返答之様二相聞へ候此方之思召寄一

応不被仰達候而返翰被請取候段者難被成事候此上又々口上二而朴同知

^江被申聞候共接慰官東莱^江者委不申達中途二而差繕返答可申哉与無心元

存候依之思召寄之趣貴殿より接慰官^江被申達候口上書真文二

記し、こちらに送っていただいたので、それを、しっかりと拝見す

ることができた。だが朴同知の返答の趣旨では、こちらからの考え

の通りを、全て接慰官や東莱府使へ申し伝えていないようにも思え

る。[つまり仲介する彼の]その身一分から出た返答の様にも聞えてく

る。こちらの思っている意図を[正しく接慰官や東莱府使へ、そして

さらに都へと]ここで一応伝えなければ、この返翰を請け取るわけに

はいかない。この上は、又々口上を以て朴同知へ申し伝えても、や

はり接慰官や東莱府使へは委しく伝わらないであろう。中途で差し

繕って[朴同知が彼自身の考えで]返答するようにも思われる。それゆ

え[こちらの意図が正しく伝わらないのではないかと]心もとなく思う

ばかりである。このようなことであるから、思っていることの趣旨

を述べようとするなら、貴殿から接慰官へ申し伝える口上書は、も

う真文に

기록하여, 이쪽으로 보내주었기 때문에, 그것을 잘 볼 수 있었다. 그

러나 박동지의 반답 취지로는, 우리들이 생각하는 것 전부를 접위관

이나 동래부사에게 전하지 않은 것처럼 생각된다. [즉 중개하는 그의]

판단에 따른 일부가 가미된 반답처럼 들려온다. 이쪽이 생각하고 있

는 의도를 [바르게 접위관이나 동래부사에, 그리고 또 도성에] 여기서 일단 전하지 않으면, 그 반답을 받을 수가 없다. 이런 이상은, 다시 구상으로 박동지에게 말을 해도, 역시 접위관이나 동래부사에게 자세히 전달되지 않을 것이다. 중간에서 적당히 가감해서 [박동지가 자기 자신의 생각으로] 반답할 것 같이도 생각된다. 그렇기 때문에 [이쪽의 의도가 바르게 전달되지 않는 것은 아닌가라고] 불안하게 생각될 뿐이다. 이와 같은 일이므로, 생각하고 있는 취지를 말하려고 생각한다면, 귀전이 접위관에게 이야기하는 구상서는 다시 한문으로

いたし　今度差越候間書　札等者常゠いたし付候様゠相認接慰官東莱゠被
致対談具゠被申達候上口上書直゠被相渡可然存候接慰官東莱書付被請
取之都゠注進可有之候朝廷方被承候上゠而も其侭被請取候様゠申来候ハ
、可被成様も無之事候間已後如何様゠成行申候とても彼国不覚悟之上
之事候故此方゠可被成様無之候思召寄一端不被仰達候而返翰御請取

改めるのがよい。そして今度、差し渡される折には、その書札など
は常の通りにしたため、貴殿は接慰官や東莱府使と対談をなされ、
その場で、ことの次第を詳しく申し伝え、この口上書を直接、手渡
されるのがよい。[そのようにすれば、こちらの意図は正しく伝わる
筈である。]接慰官や東莱府使は、この[真文の]書付を請け取られた
ならば、都へ注進せざるを得ないであろう。朝廷方も[その注進を]承
る上に於いて[真文ゆえ]その有りの侭に請け取られ、その伝奏は歪曲
されること無く[報告]される筈である。そうなれば、これ以後[彼の
朝廷内での相談は]如何様に成り行くことであろうか。どのように
なっても、彼の国では[これが大事に至る事だと、そのような]覚悟が
できていない。だからこちら[が危惧するような、国家的危機を未だ
感じ取っていない。それゆえこの問題が、こちらの意図する所]に落
着するようなことは無いであろう。[こちらの]意図する思いの一端が
届かず[結局]返翰を[このままの状態で]請け取

고치는 것이 좋다. 그리고 이번에 건넬 때는, 그 서찰 등은 통상대로
기록하여, 귀전은 접위관이나 동래부사와 대담하시어, 그 장소에서
일의 내용을 자세히 이야기하고, 이 구상서를 직접 건네주는 것이 좋

다. [그렇게 하면 우리의 의도가 바르게 전달되기 마련이다.] 접위관이나 동래부사는 이 [한문의] 서부를 받으면 도성에 주진하지 않을 수 없을 것이다. 조정도 [그 주진을] 받은 이상은 [한문이기 때문에] 있는 그대로 수취하여, 그 전달하려는 내용이 왜곡되는 일 없이 [보고]되기 마련이다. 그렇게 되면, 이 이후 [조정 내의 상담은] 어떻게 되어갈 것인가. 어떻게 되든 그 나라에서는 [이것이 큰일이 날 수 있는 일이다라고, 그러한] 생각을 하지 못한다. 그래서 우리가 [걱정하는 것과 같은, 국가적 위기를 아직 느끼지 못하고 있다. 그렇기 때문에 이 문제가, 우리들이 의도하는 대로] 낙착되는 것과 같은 일은 없을 것이다. [우리가] 의도하는 생각의 일단이 전달되지 않아 [결국] 반한을 [이대로의 상태에서] 받지

被成候段者非本意候故右之通ニ候口上書御渡候儀朴同知江被申聞候ハ
、接慰官江対談之障にも可罷成歟与存候ヘ然其段者其元之勢次第ニ存
候朴同知請答之趣考見申候ヘハ兎角此方へ御奉公振ニ取持申候との詮
を立たかり申候様ニ被存候先便ニ茂申越候通両国之間之出入ニ候故中々
下々ニ而取持式者いたし様之手立ニ而罷成事ニ無之候ケ様之儀

らざるを得ないであろう。そのように成れば、それは[こちらの]本意
と異なる[残念な]ことである。だが[そうは言っても、この注進は彼
の国へ届けられなければならぬことである。]右の通りに口上書を[接
慰官に]御渡ししようとするとき[仲介に働く]朴同知に[事の次第を]聞
かれたならば、この接慰官との対談に支障を来すのではなかろう
か。[朴同知の力量からすれば、この間を、巧みに取り持つゆえ、そ
のようなことを心配するのである。]しかしながら、そのようなこと
は、貴殿の[外交交渉の]力量次第であろう。朴同知[が外交交渉で行
う]請け答えの趣旨は、考えて見れば、兎も角もこちらへの奉公振り
を示し[よかれと思い]取り持って行うもので、そこでは実に手立てを
尽くし[知力、能力の限りを尽くし]行っているようにも思える。だが
先の手紙でも申し伝えたように、両国の間のもめ事であるので、な
かなか下々の者の間で取り持つ[解決の]方式では、手立てが難しい。
このような[国家どうしが関わる重要な]事案は

(받지) 않을 수 없을 것이다. 그렇게 되면, 그것은 [우리의] 본의와 달
리 [유감스러운] 일이다. 그러나 [그렇다 해도, 이 주진은 저 나라에
전달되지 않으면 안 되는 일이다.] 위와 같이 구상서를 [접위관에게]

전달하려고 할 때 [중개하는] 박동지가 [일의 상황을] 물으면, 접위관과의 대담에 지장을 초래하는 것은 아닐까. [박동지의 역량으로 보면, 그 중간에서 교묘하게 조절하기 때문에, 그러한 일을 걱정하는 것이다.] 그러나 그러한 일은 귀전의 [외교교섭의 역량문제일 것이다.] 박동지[가 외교교섭에서 하는] 문답의 취지는, 생각해 보면, 좌우지간 일본을 위해 열심히 일하는 모습을 보여 [좋다고 생각하면서] 맡기고 있는 것으로, 그 교섭에는 방법을 강구하여 [지력, 능력을 다하고] 있는 것으로도 생각할 수 있다. 그러나 앞 편지에서도 말했듯이, 양국 간의 분쟁이므로, 좀처럼 아랫사람이 주선하는 [해결] 방식으로는 성공하기가 어렵다. 이러한 [국가 상호가 관계하는 중요한] 사안은

少も作意を以手立か満しき儀仕置候而如何程首尾好候とても以後之
儀至而大切成事候故左様ニ者難被成候間欝陵嶋之儀者書面ニ除申候方
可然候乍然決而除不申心入ニ候ハ、今度彼者共参候嶋者日本之内ニ而
者無之朝鮮国之内欝陵嶋ニ而候由有之侭ニ申来候ヘハ朝鮮之為ニハ大切
成事候得共此方ニ者無別条御取次被差上事候乍去左様ニ認被差越候而
者従公儀其侭ニ而者被

[窓口となる下々の者の能力で繕った]作為的な手立てでは[うまくい
かない。最初]どれほど首尾よく整っていようとも、以後に大きく影
響を及ぼすものであるから、そのように[後に至って、この事を振り
返って見ると、結局]うまくいかないことになっている。欝陵嶋の文
言を書面から除くよう申し入れることは、まさにこのことである。
[彼の国が]文言を除かない理由として、その意図する所は、今後、彼
の国の者どもが島に渡った時、この島は日本のものではない、朝鮮
国の中の欝陵嶋であると、そのように主張するためのものであろ
う。だからこの文言が有るままで返翰が来れば、朝鮮のためには大
きな功績である。だがこちらにとってみれば[何の功績にもならぬも
の、取り敢えず]別状は無いから、取り次ぎをして[公儀へ返翰を]差
し上げることは可能である。しかし、そのようにしたためた[文言
を、公儀へ返翰として]差し上げてみても、公儀が其の侭に

[창구가 되는 아랫사람의 능력으로 수습하는] 작위적인 방법으로는
[잘 되지 않는다. 처음에] 어느 정도 잘 정리되어 있다 해도, 이후에
크게 영향을 미치는 것이므로, 그렇게 [후일에 이 일을 뒤돌아 보면,

결국] 잘 풀리지 않게 되어 있다. 울릉도의 문언을 서면에서 삭제할 것을 요구하는 것은, 그야말로 그런 일이다. [저 나라가] 문언을 삭제하지 않는 이유로 해서, 의도하는 것은, 금후, 그 나라의 사람들이 섬에 건너갔을 때, 이 섬은 일본 것이 아니다. 조선국의 울릉도이다라고, 그렇게 주장하기 위한 것일 것이다. 그러므로 이 문언이 있는 그대로 반한이 오면, 조선을 위해서는 큰 공적이다. 그러나 우리들에게는 [어떤 공적도 되지 않는 일, 어쨌든] 다른 서장은 없으므로, 주선해서 [장군에게 반한을] 바치는 일은 가능하다. 그러나 그렇게 기록한 [문언을 장군에게 반한으로 해서] 바친다 해도, 장군이 그대로

差置間敷候故至而大切成事ニ罷成候其上従公儀急度被仰遣候首尾ニ成
候ハヽ返翰書面ハ何程強被書候共彼嶋へ朝鮮より往来仕候事も手を
付申候事茂罷成間敷候間押出候而恥辱を取候様ニ可罷成段同前之事候
左様ニ可罷成儀御了簡被成なから不被仰達候段ハ非本意候兎角此方よ
りハ誠信之御真実を以思召寄被仰遣候趣一端朝廷方迄御聞届候様被
成度

置く筈は無く、至って大変な事が起こってくるに違いない。その
上、公儀から、きっぱりと[彼の国へ再度]申し出がなされるような事
態に至れば、返翰の書面がどれほど強く書かれていようと、彼の島
へ朝鮮から往来することも、島の物産に手を付けることも、一切ま
かりならぬことになる。[公儀が武威を]押し出すため[朝鮮国が]恥辱
を蒙ることも有り得るのである。あるいは、それ同前の事も起こっ
て来る筈である。そのようなことが[可能性として]あるので、それを
知っていながら[あちらへ]伝えないことは[こちらの]本意では無い。
兎も角も、こちらからは誠信の心で、真実を以て、思っていること
を伝えたいのである。そのような思いの趣旨の一端なりと、朝鮮の
朝廷の方々にまで達し、それを御聞き届け頂き、ことの本質を理解
して頂きたいのである。

놓아둘 리가 없어, 결국 큰일이 나는 것이 틀림없다. 그 위에 장군이
단호하게 [저 나라에 다시] 명령을 내리는 것과 같은 사태가 되면, 반
한의 서면이 아무리 강하게 기록되었다 해도, 저 섬에 조선에서 왕래
하는 일도, 섬의 산물에 손을 대는 일도, 일체 용납되지 않게 된다.

[장군이 무위를] 발휘하기 때문에 [조선국이] 치욕을 당하는 일도 있을 수 있는 일이다. 혹은 그것과 같은 일이 일어나기 마련이다. 그러한 일이 [가능성으로] 존재하기 때문에, 그것을 알고 있으면서 [저쪽에] 전하지 않는 것은 [우리의] 본의가 아니다. 어쨌든 우리들은 성신의 마음으로, 진실로 생각하고 있는 것을 전하고 싶은 것이다. 그러한 생각의 취지의 일단이라고, 조선 조정 분들에게 전달하여, 그것을 이해하여, 일의 본질을 이해하여 주었으면 한다.

思召候被聞届候上ハ如何様ニ成行候而茂彼国之分別次第之事候此度之
儀者下々ニ而とらふと申事ニ而者無之候彼国より之返翰ニより如何程大
切成事ニ成可申茂難斗候故以来之儀考見申候程此方より誠信之御心入
無残彼方江不被仰達候而不叶事候間此旨能々御落着候而可被仰談候其
元より之御紙面考見申候ヘハ兎角朴同知申分者手立与取持之心はな
れ不申様ニ

もしもこのような思いが聞き届けられたならば、如何様の御決断に
成っても、それは彼の国の分別の次第であり、もはやこの度のこと
は、下々にてとやかく言うべき筋合いのものではない。だが彼の国か
らの返翰を見る限り[今回の事案が]どれ程に大切なことであるか[全く
理解されていないのではないか、大変な事態に]立ち至る事に「理解が
及んでいないのではないか、そのように思うのである。」それが推測
できないため[このような御返翰となっているのであろう。それゆえ]
今後のことを考えれば[こうして彼の国の朝廷に向け、何としても報
告しておく必要がある。]こちらから誠信の心づかいで、事の事情
を、すっかり残すこと無く、あちらへ伝えておかなくては、とうてい
叶わぬ事である。このような趣旨であるので、能く能く心を落ち着け
て[接慰官と]会談なさるべきである。貴殿からの御書簡の中で、その
御紙面から判断すると、兎も角も朴同知が申し伝える言い分からは、
その手立てや取り持ちの心は[こちらに密着し、こちらの意を汲むた
め]離れないでいる様に

만일 이러한 생각이 전달되었다면, 어떤 결단을 해도, 그것은 그 나라가 분별할 일로, 이미 이번의 일은, 아랫사람들이 이러쿵저러쿵 말할 내용의 일이 아니다. 그러나 저 나라의 반한을 보는 한 [이번의 사안이] 얼마나 중요한 일인가 [전혀 이해하지 못하고 있는 것 아닌가, 그렇게 생각된다.] 그것을 추측할 수 없기 때문에 [이러한 반한으로 되어 있는 것일 것이다. 그렇기 때문에] 금후의 일을 생각하면 [이렇게 해서 저 나라의 조정에, 어떻게든 보고해 둘 필요가 있다.] 이쪽에서 성신의 마음으로, 사건의 사정을 남김없이 모두, 저쪽에 전해주지 않으면, 도저히 안 되는 일이다. 이러한 취지이기 때문에, 마음을 잘 안정시키고 [접위관과] 회담해야 한다. 귀전의 서간 중에, 그 지면으로 판단하자면, 어쨌든 박동지가 전달하는 내용으로는, 그 방법이나 알선하는 마음은 [우리 쪽에 밀착하여, 우리의 뜻을 얻기 위해] 떠나지 않고 있는 것처럼

被存候取持もいたし様も中々入申事ニ無之候偽かましき儀又ハ手立らしき儀惣而粉敷事曽而不罷成候両国之真実相尽候而不申談候而不叶事候間此段堅可被申達候

感じられる。だがその取り持ちも、その致し様も、中々[誠信の交わりの本質の中に]入ったことには成っていない。[誠信の交わりとは]偽りのように見えることがあったり、又、手立てらしいことがあったり、そして全体的に粉らわしいようなことがあったりしては、いけないのである。両国は真実を相尽して語り合うべきであり、そうでなければ叶わぬ事である。このことを[貴殿に]堅く申し伝えるものである。

느껴진다. 그러나 그 주선도, 그 하는 처신도 좀처럼 [성신의 교제라는 본질 속에] 들어간 것 같지 않다. [성신의 교류란] 거짓처럼 보이는 일이 있거나, 또 방편에 따르는 것 같은 일이 있거나, 그리고 전체적으로 의심스러운 것 같은 일이 있거나 해서는 안 되는 것이다. 양국은 진실을 다하여 이야기해야 한다. 그렇지 않으면 안 되는 일이다. 이 일을 [귀전에게] 분명히 말씀드리는 것이다.

・欝陵嶋之蔚之字此字返翰之草案ニ相見へ候故真文之口上書ニ致書
　載候間左様御心得可被成候

・欝陵嶋の[文字は、欝の字ではなく]蔚の字が、返翰の草案には記
　されている。[彼の国では、そのように記載するのであろう。な
　らば]真文の口上書に[欝陵嶋を記す場合]この蔚の字を書き載せ
　るように致した方がよい。そのように[あちらの習慣に合わせる
　ような]御心得をなさるように。

・울릉도의 [문자는 欝자가 아니라] 蔚자가 반한의 초안에는 기록되
　어 있다. [저 나라에서는, 그렇게 기재하는 것 같다. 그렇다면] 한
　문의 구상성에 [欝陵島를 기록할 경우] 이 蔚자를 쓰도록 하는 것
　이 좋다. 그렇게 [저쪽의 관습에 맞추려고 하는] 마음의 준비를 하
　도록 할 것.

(15-03)

- 接慰官^江申達候様^二与之口上之真文左^二記之

  真文書稿不相見候故不記之

(15-03)

- 接慰官へ申し伝える口上書の真文を、左に記す[つもりで有ったが]

  真文の書稿が[今ここに]見あたらないので、記さぬことにした。

(15-03)

- 접위관에 전달하는 구상서의 한문을 아래에 기록할 [예정이었으
  나] 한문의 서간이 [지금 여기에] 보이지 않기 때문에, 기록하지
  않기로 했다.

○同七年二月廿二日豊受らつ一行期辭表

金解同廿三日　艦庸圓布ぬも

【大綱一六段(元禄七年二月③)】

(16-00)

○ 同七年二月廿二日与左衛門一行朝鮮表乗船同廿四日鰐浦御関所
   帰着也

【大綱一六段(元禄七年二月③)】

(16-00)

○ 元禄七年二月二十二日、与左衛門の一行は、朝鮮表にて[いよい
   よ帰国のため]乗船した。そして同二十四日[対馬国の北端]鰐浦
   の御関所[註1]に帰着した。

【대강16단(겐로쿠 7년 2월③)】

(16-00)

○ 겐로쿠 7년 2월 22일에 요자에몬 일행은 조선에서 [드디어 귀국
   을 위해] 승선했다. 그리고 24일에 [쓰시마국의 북단] 와니우라
   의 세키쇼에 귀착했다.

二月老與在寫二行答呈

(16-01)

- 二月廿七日与左衛門一行府内廻着

(16-01)

- 二月二十七日に、与左衛門一行は、対馬府中の港内に廻着した。

(16-01)

- 2월 27일에 요자에몬 일행은 쓰시마부중의 항내에 회착했다.

二月十六日豊島の園にて御内意あらせ
中に彦誠れ申候て男尤に記し

(16-02)

- 二月廿五日与左衛門御関所より府内御家老中^江差越候書状之略左^二記之

(16-02)

- 二月二十五日に与左衛門が[鰐浦の]御関所から府内の御家老中へ差し出した書状がある。その概略を左に記す。

(16-02)

- 2월 25일에 요자에몬이 [와니우라의 세키쇼에서 부내의] 가로들에게 제출한 서장이 있다. 그 개략을 아래에 기록한다.

• 私儀去十五日御返簡請取十八日出宴席仕廿二日致上船候廿四日
　朝鮮出帆仕　酉上刻鰐浦致着船候去十八日之貴札於朝鮮廿一日飛
　船参着致拝見候被仰下候

• 私儀、去る二月十五日に[朝鮮からの]御返翰を請け取り、同十八
　日に出船の宴席を仕り、同二十二日に上船を致した。同二十四
　日に朝鮮を出帆し、同日の酉の上刻(午後五時頃)鰐浦へ着船致し
　た。去る十八日付の貴殿からの書簡は、朝鮮に居る間、二十一
　日に飛船が参着したことで拝見した。そこに記されている

• 나는 지난 2월 15일에 [조선의] 반한을 받아, 동 18일에 출선의
　연석을 하고, 동 22일에 상선했습니다. 동 24일에 조선을 출범하
　여 동일 유의 상각(오후 5시경)에 와니우라에 착선하였다. 지난
　18일부로 귀전이 보낸 서간은 조선에 있을 때, 21일에 비선이 착
　선했을 때 배견했다. 그곳에 기록되어 있는

御用之儀急度申断是非を正し可申儀御座候処出宴席相調候以後者接
慰官接待被仕候儀決而不罷成由ニ御座候然上者御用之儀者差置接待斗
之論ニ罷成朝鮮之儀ニ御座候故其内接慰官与風被致上京候様成首尾ニ罷
成候ハヽ無十方体ニ而御用向弥埒明申間敷哉与大切ニ存帰国仕候去廿
一日之貴札於鰐浦致拝見候去九日より接慰官ᵉ

御用向きの御指示に就いては、しっかりと[あちらへ]申し切り[なお]
是非を正すべき事があった。しかし出船の宴席も調い、すでに宴も
終わった後であったから、もう接慰官は接待の上の会談を、決して
受けることは無い。そうなると[会談を求めても]御用の件は差し置き
[新たな]接待宴をどうするかというばかりの論に成ってしまう。朝鮮
のことであるので、その内に接慰官は風のように[いつの間にか去っ
て]上京してしまうであろう。その様な首尾に成れば[会談しようにも
相手はいないという]とほうも無い形になってしまい、御用向きは、
いよいよ埒の明かぬことになってしまう。[そのような埒の明かぬ朝
鮮についての報告と、今後の方針について本国(対馬)の方々と細かな
相談の方が、むしろ]大切と思い、帰国することに致した。去る二十
一日付の貴殿の書簡は、鰐浦に於いて拝見を致した。去る九日から
接慰官へ

용건의 지시에 대해서는 틀림없이 [저쪽에] 전하고 [또] 시비를 가릴
일이 있었다. 그러나 출선의 연석도 마련하여, 이미 연도 끝난 뒤였으
므로, 이미 접위관은 접대상의 회담을 결코 받아들이는 일은 없다. 그
렇게 되면 [회담을 요구해도] 용건은 그만두고 [새로운] 접대연을 어

떻게 할 것인가에 대해서만 논하게 되고 만다. 조선의 일이기 때문에, 그 사이에 접위관은 바람처럼 [어느 사이엔가 떠나] 상경해 버릴 것이다. 그러한 상황이 되면 [회담하려 해도 상대가 없다고 하는] 어쩔 수 없는 상황이 되고 만다. 용건은 결국 해결되지 않는 일이 되고 만다. [그러한 이해하기 어려운 조선에 대한 보고와 금후의 방침에 대해 본국(쓰시마) 분들과 자세한 것을 상의하는 것이 오히려] 중요하다고 생각하여 귀국하기로 했다. 지난 21일부의 귀전의 서간은 와니우라에서 배견하였다. 지난 9일부터 접위관에게

申掛候段々先達而申上候此御返事相待筈之存入ニ御座候者何年成共滞
留不仕候而不叶御事御座候処阿比留惣兵衛便ニ被仰下候趣一篇ニ相心
得御返事相待不中候段可申上様も無御座候其元より之思召寄重而都江
被仰達候儀者前以接慰官江堅申達置候一刻も早く上府仕段々申上度覚
悟ニ而船迄申付置候得共風迎其上雨気ニ罷成無心許由

申し掛けていた[欝陵嶋の文字をめぐる]種々の問題では[その経過につ
いて]先だって[書簡にて]申し上げておいた通りである。朝鮮からの返
事を[何としても]待つ筈に、もう覚悟を決め、何年なりとも滞留を続
け[こちらの言い分を通し、この返事を貰わなければ]叶わぬことと考
えていた。そのような所に、阿比留惣兵衛の便に仰せ下さった[返翰
を受取り帰国してよいとの]御趣旨を受け、その[正月二十六日付の御
家老中からの書簡]一篇により[帰国の]心を得て、もう返事を待たずに
[出船の決定と]なった。[出船直前に受けた先の御書簡に、さらに継続
交渉の御指示があったが、もうことは着々と進んでおり、帰国やむな
しとなった。]このことについては、申し上げる言葉も無い。貴殿か
らの御意向は、重ねて都へ注進申し上げるようにということであった
が、これは前もって接慰官に堅く申し伝えてある。[こうなれば]一刻
も早く対馬府中に上り、色々と御報告を致したいと思っている。その
ような覚悟で船を[府中へ向け]動かすよう申し付けているが、風が強
くなってきて、その上、雨気混じりの[天候で、運航できるかどうか]
心もと無い限りである。[航路のことをよく知る]

말씀드리고 있던 [울릉도라는 문제를 둘러싼] 여러 가지 문제에는

[그 경과에 대해] 앞서 [서간으로] 보고한 대로입니다. 조선의 답장을 [어떻게 해서라도] 기다려야 한다고 각오를 하고, 몇 년이라도 계속해서 체류하여 [우리가 요구하는 대로의 반답을 받지 않으면] 안되는 일이라고 생각했었다. 그러할 때, 아비루 소우베에 편으로 명령하신 [반한을 수취하고 귀국해도 좋다는] 취지에 따라, [정월 26일부의 가로들의 서간] 1편에 따라 [귀국의] 마음을 정하고, 더 이상 답을 기다리지 않고 [출선을 결정하게] 되었다. [출선 직전에 받은 앞의 서간에, 다시 교섭을 계속하라는 지시가 있었으나, 이미 일이 착착 진행되어, 귀국하지 않을 수 없게 되었다.] 이 일에 대해서는 드릴 말씀도 없다. 귀전의 의향은 거듭해서 도성에 주진하여 올리라고 하는 것이었으나, 이것은 전에 접위관에게 단단히 전해 두었다. [이렇게 되면] 일각이라도 빨리 쓰시마 부중에 올라가, 여러 가지를 보고해야 한다고 생각했다. 그러한 각오로 배를 [부중으로 향하여] 움직이라고 명하였으나, 바람이 강해지고, 그 위에 비가 내리는 [날씨라서 운항할 수 있는지 어떤지가] 불안했다. [항로의 일을 잘 아는]

雨老中三付報子人爭不盡上不府遠引

住飯也丁立以度用之好歌進以記師以

以度君連郎而住進有望上府畫盡下上

所之者申二付様子見斗罷在候上府延引仕儀も可有御座哉与存郡継以飛
脚如此御座候油断不仕追付致上府委細可申上候

在所の者が申すことであり、まずは様子を見ているところである。
上府に至る日時は、延引になるかも知れず、それゆえ郡を継いで進
む飛脚^(註2)を以て、このような報告をお届けする。[天候を伺い]油断
せず、直ぐに上府を致し、委細を申し上げるつもりである。

사람이 말하는 것이라, 우선 상황을 살피고 있는 것이다. 상부에 도착
할 일시는 연기될지도 모른다. 그것 때문에 군을 거쳐가는 비각을 보
내, 이러한 보고를 바치게 한다. [날씨를 보며] 유단하지 않고, 바로
상부하여 자세한 것을 보고할 생각이다.

(16-03)

• 与左衛門府着之即日御目見等相済御家老中詰間^江退去

(16-03)

• 与左衛門は、対馬府中に到着の即日[城に上がり御主君(宗義倫)へ]御目見えなどを済ませ、御家老中が控える詰の間へと退去した。[そして早速、この老職たちに報告を行った]。

(16-03)

• 요자에몬은 쓰시마 부중에 도착한 즉일에 [성에 올라가 주군(소우 요시쓰구)의] 알현 등을 마치고. 가로들이 기다리는 쓰메쇼로 퇴거했다. [그리고 서둘러 노직들에게 보고했다.]

(16-04)

- 今度之返翰此方より不被仰越蔚陵嶋ヲ書入候儀一嶋二名之仕立ニ而
  候へゝ以来ニ至而不相済事ニ候蔚陵嶋竹嶋一嶋ニ而候段無御存知体ニ
  而此返翰被差上候儀大切成事ニ候定而御吟味も可有御座候若左様

(16-04)

- [老職たちの論談が始まった。すなわち]今度の御返翰は、こちら
  から申し掛けたわけではない蔚陵嶋[という島]を[わざわざ文中
  に]書き入れたものである。これは一島を二つの名に仕立て上げ
  たもので[このままでは]将来に渡り[禍根を残すことになり、後
  の世の人に]相済まぬ事となる。蔚陵嶋と竹嶋とが一島であるこ
  とを御存知無いように図り、この返翰を[こちらへ]差し上げて来
  た。これは大変な事である。必ずや吟味を行わねば、収まらぬ
  ことである。

(16-04)

- [노직들의 논담이 시작되었다. 즉시] 이번의 반답은 우리가 이야
  기한 일이 없는 울릉도[라고 하는 섬]을 [일부러 문중에] 기입한
  것이다. 이것은 섬 하나에 두 개의 이름을 붙인 것으로 [이대로
  해서는] 장래의 [화근을 남기는 일이 되어, 후세인에게] 미안한
  일이 된다. 울릉도와 죽도가 1도라는 것을 알지 못하는 것처럼
  도모하여, 이 반한을 [우리 쪽에 보내왔다.] 이것은 큰일이다. 반
  드시 상의하지 않으면 수습할 수 없는 일이다.

無之共此方より一嶋ニ而茂可有御座哉与御推之被成候旨不被仰上候而
不叶事ニ候其時ニ至而竹嶋者以前朝鮮之蔚陵嶋ニ而候ヘ共年来日本之御
支配ニ候間彼嶋江朝鮮より渡海不仕候様ニ与重而被仰渡首尾ニ至而者其
節朝鮮之返答ニより大事ニ及候か又ハ左候ハ、日本ニ出し候与有之而も
如何鋪候兎角ニ付重而日本より被仰遣候

もしそうでなくとも、こちらから一島では有るまいかと[尋ね、不審
の筋があるとの]推量の旨を、あちらへ申し伝えなければ叶わぬ事で
ある。そのような[問い質しの、次の段階の交渉に、いよいよ]時が
至ってしまう。そうなれば、竹嶋は以前、朝鮮の蔚陵嶋であった
が、年来に亘り、もう日本の御支配になっているから、彼の島へ
は、朝鮮から渡海を行わないようにと、繰り返し申し伝える首尾と
なる。すると、その折、朝鮮の返答によっては、大変な事態に及ぶ
可能性がある。あるいは又、そうであれば日本に島を差し出すとい
うことにもなるが、こちらになっても、どうかと思う経過である。
兎も角も再度、日本[の公儀]から[直接に]申し出が発されるような

만일 그렇지 않다 해도, 이쪽에서 1도가 아닌가라고 [물어, 이상한 것
이 있다고 하는] 추량의 뜻을, 저쪽에 전달하지 않으면 안 되는 일이
다. 그렇게 [물어서 확인하는 다음 단계의 교섭을 하는] 시기가 되고
만다. 그렇게 되면 죽도는 이전에 조선의 울릉도였으나, 근래에 걸쳐
이미 일본이 지배하게 되어 있으므로, 그 섬에는 조선에서 도해하지
않도록 하라고, 반복해서 요구하는 상황이 된다. 그러면, 그때 조선의
반답에 따라서는, 위험한 사태에 이를 가능성이 있다. 어쩌면 또 그렇

게 되면 일본에 섬을 내놓는다는 일이 되나, 이렇게 되면, 어떨까라고
생각하는 바이다. 어쨌든 다시 일본[의 장군]이 [직접] 명령을 내리는
것과 같은

首尾ニ成候而者朝鮮之為不宜事ニ候唯今迄ハ御誠信之思召寄御付届迄ニ
朝鮮へ被仰越候得共能遂吟味候而者竹嶋之儀権現様以来因幡より支
配仕来候儀無其紛候之処彼国ニ者年久捨置候嶋を元我国之内与可申様
無之候然処一嶋二名ニ仕立粉し置候書面御取次被成候而者御不念ニ罷
成大切成儀ニ候急度此返翰被差返蔚陵嶋之文字除候而

首尾に成っては、朝鮮の為に宜しくない事である。これまで[両国の
交際は]御誠信でという考え方のもとに[よかれと思う]御助言を届け
るため[対馬から]朝鮮への伝え掛けがあった。だが[この件に関し]吟
味を遂げた結果、竹嶋のことは、権現様[註3][の元和偃武]以来、因幡
によって支配を行って来たことは、粉れも無い事実である。そして
彼の国にとっては、年久しい間、捨て置いて来た島である。[そのよ
うな島を]元々は我が国の内にある島であると[今さら朝鮮が]主張す
るような道理は無い。そのような所に[今回のような]一つの島を二つ
の名に仕立て上げ、紛らわしい状況を作り置く書面を[送り込んでき
た。このような書面を公儀へ]取り次いでは[この対馬の]落ち度とな
り、重大なことになる。しっかりとこの返翰を差し返し、蔚陵嶋の
文字を除くよう[申し入れ]

상황이 되어서는, 조선을 위해 좋지 않은 일이다. 지금까지 [양국의 교
제는] 성신이라고 하는 생각에 근거로 [잘 되는 것을 생각하고] 조언
을 하기 위해 [쓰시마에서] 조선에 전해 주는 일이 있었다. 그러나 [이
건에 관하여] 조사한 결과, 죽도의 일은, 곤겐사마[의 겐나엔부] 이래,
이나바가 지배해 온 것은, 의심의 여지가 없는 사실이다. 그리고 저 나

라는 오랫동안 버려둔 섬이다. [그러한 섬을] 원래는 우리나라 안에 있는 섬이라고 [새삼스럽게 조선이] 주장할 만한 도리는 없다. 그러한 상황에서 [이번과 같이] 하나의 섬에 두 개의 이름을 붙여, 혼란스러운 상황을 만들어 두는 서면을 [보내왔다. 이러한 서면을 장군에게] 주선하는 것은 [이 쓰시마의] 실수가 되어, 중대한 일이 된다. 반드시 이 반한을 돌려보내, 울릉도라는 문자를 삭제하도록 [요구하여]

返簡相改被差越候へと厳敷被仰遣其上ニも決而難除事ニ候ハ、今度彼者
共参候嶋者日本之内ニ而ハ無之朝鮮国之内蔚陵嶋ニ而候由有之侭ニ申来候
へハ朝鮮之為ニハ大切成事ニ候得共此方ニ者無御別条御取次被成被差上事
候日本朝鮮之御挨拶ニ而候へハ少も繕かましき事在之而ハ大切成儀ニ候
間早々御使者被差渡可然候明日以酊庵被仰請返簡入披見御相談

再度の返翰を送るように、厳しく伝えなければならない。その上で、
なおも[彼の国の意向が]決して[蔚陵嶋の文字は]除き難いことである
とするならば、そして今度、彼の国の者たちが渡った島とは、日本の
内にある島では無く、朝鮮国の内の蔚陵嶋と言う島であったと、その
[漁民たちが語ったことを]あるがままに[こちらに]申して来たなら
ば、そのことは朝鮮の為には大切なことであろうが、こちらには別
段、支障のあるようなことではないから、そのまま取り次ぎを行い、
この返翰を[公儀へ]差し上げる事にする。[この段階に至れば、もう]
日本国と朝鮮国との間の御挨拶(外交紛争)へと発展したことであり[仲
介役となる対馬藩が]少しでも取り繕うような事をすれば[そこに巻き
込まれてしまう。つまりよかれと思い、取り繕いの処置を講ずれば、
逆に]大変なことになる。だから[そうならぬよう]早々に御使者を[再
度、朝鮮へ]差し渡され[あくまでも蔚陵嶋の文字を取り除くよう交渉
す]るのがよい。明日にも[外交文書を検閲する]以酊庵[の輪番僧]に依
頼し、この返翰を披見していただき、ことの御相談を

다시 반한을 보내도록 엄중하게 전하지 않으면 안 된다. 그 위에, 그
래도 [저 나라의 의향이] 결코 [울릉도 문자는] 삭제하기 어려운 일이

라고 하면, 그리고 이번에, 저 나라사람들이 건너간 섬이란, 일본 안에 있는 섬이 아니라 조선국 안에 있는 울릉도라는 섬이었다고, 그 [어민들이 말한 것을] 있는 그대로 [우리에게] 말해 왔다면, 그것은 조선을 위해서는 중요한 일이겠지만, 우리에게는 별로 지장이 있을 것 같은 일이 아니므로, 그대로 주선하여, 이 서한을 [장군에게] 바치기로 한다. [이 단계에 이르면, 이미] 일본국과 조선국 사이는 분쟁(외교분쟁)으로 발전한 것으로 [중개역이 되는 쓰시마가] 조금이라도 수습하는 일을 하면 [그것에 휩쓸리고 만다. 즉 잘 되리라고 생각하고, 수습하는 일을 생각하면, 반대로] 큰일이 된다. 그러므로 [그렇게 되지 않도록] 서둘러 사자를 [다시 조선에] 보내어 [어떻게든 울릉도 문자를 삭제하도록 교섭하는] 것이 좋다. 내일이라도 [외교문서를 검열하는] 이테이안[의 윤번승]에게 의뢰하여, 이 반한을 보여드리고, 일의 상담을

被成可然与談合相済披露有之候処〓尤〓被思召上候間以酊庵〓中遣候様
〓与被仰出則御使者を以与左衛門致帰国持渡之返翰可入御披見候間明
日御出候様〓与被仰遣翌廿八日以酊庵登城〓付御返簡御披見相済候上
右之趣御家老中より申達候処以酊庵〓も尤之由御返答在之候付与左衛
門再渡持渡り御返簡之和文被差出之以酊庵直〓御請取御帰被成

成さるのがよい。このようにして[老職たちの]論談は終わった。そし
て[その結論について、主君への]披露が有った。[御主君も、この結
論を]尤に思われ、以酊庵へ申し伝えるよう、御命令を下された。そ
こで御使者を以て[以酊庵へ申し伝えがあった。朝鮮へ渡っていた]与
左衛門が帰国致しました。持ち帰ってきた返翰を御披見になってい
ただきたい。ついては明日[お城へ]御出で下さる様にと、そのような
言葉を伝えた。翌二月二十八日、以酊庵は[早速]登城し、この御返翰
を披見するに及んだ。目を通し終わった後、右の談合の趣旨を、御
家老中から以酊庵へ申し伝えた。すると以酊庵も、これを尤と考え
るとの御返答が在った。このため与左衛門は再び渡海となり[持ち
帰った]御返翰を、また持ち渡ることが決定した。御返翰を和文にし
たものが、ここで差し出され。それを以酊庵は直ちに請け取り、御
帰りに成った。

하시는 것이 좋다. 이렇게 하여 [노직들의] 논담이 끝났다. 그리고 [그
결론에 대해, 주군에게 하는] 피로가 있었다. [주군도 이 결론을] 당연
하다고 생각하고, 이안테이에 전하도록 명령하셨다. 그래서 사자를
시켜 [이안테이에 전달했다. 조선에 건너가 있던] 요자에몬이 귀국하

였다. 가지고 돌아온 반한을 보아주었으면 한다. 그러니 내일 [성으로] 나와주시도록, 그러한 말을 전했다. 다음 2월 28일에 이안테이는 [서둘러] 등성하여, 이 반한을 피견하게 되었다. 읽어보고 난 후에, 전에 담합한 취지를 가로들이 이안테이에 말로 전했다. 그러자 이안테이도 그것이 당연하다는 답을 했다. 이 때문에 요자에몬은 다시 도해하게 되어 [가지고 돌아온] 반한을, 다시 가지고 건너가는 것으로 결정했다. 반한을 화문으로 한 것이, 이때 제출되어, 그것을 이안테이가 즉시 받아서 돌아갔다.

註1、鰐浦の御関所

鰐浦は対馬北端の港、対岸は朝鮮の釜山である。それゆえ、ここに関所が置かれ、密貿易を取り締まっていた。寛文十二年(一六七二)大船越の瀬戸が開通すると、浅海湾を経由する交易船を管理するため佐須奈に関所が置かれた。もっぱら夏期は、佐須奈の関所で監察が行われ、鰐浦の関所の方は、悪天候の時や冬期に、その役割を果たした。

와니우라의 세키쇼

와니우라는 쓰시마 북단의 항, 대안은 조선의 분산이다. 그렇기 때문에 이곳에 세키쇼를 두고 밀무역을 조사하고 있었다. 칸분 12(1672)년에 오오후나코시의 해협(세토)이 개통하자 아소우완을 경유하는 교역선을 관리하기 위해 사스나에 세키쇼를 두었다. 하기에는 사스나 세키쇼에서 감찰을 행하여 와니우라 쪽은 악천후일 때나 동기에 그 역할을 수행했다.

註2、郡を継いで進む飛脚

対馬は二郡八郷からなり、北の上県郡が豊崎郷・佐護郷・伊奈郷・三根郷で、南の下県郡が仁位郷・与良郷・佐須郷・豆酘郷である。鰐浦から郡を継いで対馬府中までとは、豊崎郷から佐護郷、伊奈郷、三根郷、仁位郷、与良郷の順に陸路を辿り、飛脚が進んだのである。

군을 잇는 비각

쓰시마에는 2군 8향으로 되어, 북의 카미아가타군이 토요사키고우·사고고우·이나고우·미네고우이고, 남쪽의 시모아가타군이·니이고우·요라고우·사스고우·쓰쓰고우이다. 와니우라에서 군을 이어 쓰시마 부중까지라는 것은, 토요사키고우에서 사스고우, 이나고우, 미네고우, 니이고우, 요라고우 순으로 육로를 따라 비각이 가는 것을 말한다.

註3、権現様

東照大権現すなわち徳川家康のこと。

곤겐사마

토우쇼우다이곤겐, 즉 토쿠가와 이에야스를 말한다.

【大綱一七段（元禄七年二月④）】

(17-00)

○ 同七年二月廿九日渡海訳官安同知朴僉知金正府内在留ニ付平田
　隼人裁判平田所左衛門高勢八右衛門客館江被差越竹嶋一件之参
　判使多田与左衛門帰国之所返翰之趣不宜候付与左衛門儀再度御
　使者被仰付被差渡候間三訳使帰国之節朝廷江宜申達候様ニ与被
　仰渡候所奉得其意候致帰国宜敷申達旨三訳使御請申上ル也

【大綱一七段（元禄七年二月④）】

(17-00)

○ 元禄七年二月二十九日[この時、対馬に]渡海していた訳官の安
　同知、朴僉知、金正[註1]は[対馬府中の]府内に在留していた。こ
　の三訳使が居住する客館に、平田隼人と裁判の平田所左衛門と
　高勢八右衛門が罷り越した。そして竹嶋一件に付き[交渉を行っ
　て来た]参判への使者多田与左衛門が、この度、帰国したことを
　伝えた。その折[持ち帰った]返翰の趣旨が宜しくないため、与左
　衛門に再度の御使者が命じられ、再び朝鮮へ差し渡されること
　になったと伝えた。この三訳使に、帰国の節には朝廷に対し[交
　渉がうまく運ぶよう]宜しく申し伝えるよう依頼した。すると三
　訳使は、その意とする所を承け、帰国したら宜しく申し伝える
　と、そのような趣旨の約束をしてくれた。

【대강17단(겐로쿠 7년 2월④)】

(17-00)

○ 겐로쿠 7년 2월 29일 [이때 쓰시마에] 도해하여 있던 역관 안동
지, 박첨지, 김정은 [쓰시마 부중의] 부내에 재류하고 있었다.
이 3역사가 거주하는 객관에 히라타 하야토와 재판 히라타 쇼
자에몬과 타카세 하치에몬이 왔다. 그리고 죽도일건에 대해 [교
섭을 행해 온,] 참판에게 보낸 사자 타다 요자에몬이 이번에 귀
국한 사실을 전했다. 그때 [가지고 돌아온] 반한의 취지가 좋지
않기 때문에, 요자에몬에게 다시 사자를 명받아, 다시 조선에
건너가게 되었다고 전했다. 이 3역사에게, 귀국했을 때는 조정
에 대해 [교섭이 잘 이루어질 수 있도록] 잘 말하여 줄 것을 의
뢰했다. 그러자 3역사는 그 뜻을 받들어, 귀국하면 잘 전하겠다
고, 그러한 취지의 약속을 해주었다.

註１、安同知、朴僉知、金正

　同知とは同知中枢府事(従二品)のことで、僉知とは僉知中枢府事(正五品)のことである。僉知は同知の一階級ほど下位の官職である。金正の正も官職で、僉知の下位である。都正、正、副正と下る。この三人の訳官は、対馬の新藩主(宗義倫)初めてのお国入りに対し、そして前藩主(宗義真)の退休に対し、問慰官として派遣された使者たちである。彼らは元禄六年十月、使者たるを命じられ、十一月末に釜山を発ち、十二月三日に対馬府中に到着した。彼らは礼曹参議姜銑の書を携え、対馬に渡って来た。この訳官に向き合い応接するため、和館の裁判である高勢八右衛門が、彼らに付き添い、府中に戻って来た。朴同知も、この時、共に対馬に渡ったが、朴同知は対馬の北端の港に赴いただけで、やがて朝鮮に戻っている。この問慰訳官や高勢八右衛門が府中に到着したのが十二月三日で、和館に居残る多田与左衛門から、十一月十九日付の書状が、この八右衛門に託されていた、このことは大綱九段(09-03)で既に触れたところである。三人の訳官は年を越し、なお対馬府中に滞在し、翌年の三月初旬、帰国の途についた。

　안동지, 박첨지, 김정

　동지란 동지중추부사(종2품)를 말하는 것으로, 첨지란 첨지중추부사(정5품)을 말한다. 첨지는 동지보다 1계급 정도 하위의 관직이다. 김정의 정도 관직으로 첨지의 하위이다. 도정, 정, 부정으로 내려간다. 이 3인의 역관은 쓰시마의 신번주(소우 요시쓰구)가 처음으로 쿠니이리(에도에서 쓰시마로 들어가는 것)에 대해, 그리고 전번주(소우 요시자네)의 퇴휴에 대해, 문위관으로 파견된 사자들이다. 그들은 겐로쿠 6년 10월에 사자로 임명되어, 11월 말에 부산을 떠나, 12월 3일에 쓰시마 부중에 도착했다. 그들은 예조참의 강선의 서찰을 휴대하고 쓰시마로 건너갔다. 이 역관을 맞이하여 응접하기 위해 화관의 재판인 타카세 하치에몬이 그들을 수행하여 부중으로 돌아왔다. 박동지도 이 때 같이 쓰시마로 건너갔으나, 박동지는 쓰시마의 북단의 항으로 갔을 뿐, 곧 조선으로 돌아갔다. 이 문위역관이나 타카세 하치에몬이 부중에 도착한 것이 12월 3일이고, 화관에 머물고 있는 타다 요자에몬이 보낸, 11월 19일부의 서장을, 이 하치에몬이 가지고 있었다. 이 일은 대강 9단(09-03)에서 이미 언급했다. 3인의 역관은 해를 넘겨서도 쓰시마 부중에 체재하다, 익년 3월 초순에 귀국의 길에 올랐다.

〇同七年三月大差使之正官多田與左衛門
差船之書付をもって村上李崎を呼寄せ
海邊を作付竹嶋一件ニ付宗甚前々使者
多屋以下ニ送らるゝ内々蔚陵嶋之使被
申上候ニ付蔚陵嶋之被仰付被成候

【大綱一八段（元禄七年三月）】

(18-00)

○ 同七年三月大差使之正官多田与左衛門都船主番柳左衛門封進寺
崎与四右衛門渡海被仰付竹嶋一件ニ付最前ニ使者差渡候所御返簡
之内ニ蔚陵嶋之儀相見へ申候此方より蔚陵嶋之儀不申達候所彼
嶋之

【大綱一八段（元禄七年三月）】

(18-00)

○ 元禄七年三月[再度の交渉のため、再び使者が立てられた。]大
差使の正官として多田与左衛門が、そして都船主として番(ば
ん)柳左衛門が、また封進役として寺崎与四右衛門が、渡海を
仰せ付けられた。[持参する書簡は、以下のような趣旨の文言
である。]竹嶋の一件に付き[これを解決しようと]最前、使者が
差し渡された。だが返翰の内に蔚陵嶋のことが記載されていた
ため[解決に結びつかなかった。]こちらから蔚陵嶋のことを、
特に取り上げていないにも関わらず、彼の島の

【대강 18단(겐로쿠7년3월)】

(18-00)

○ 겐로쿠 7년 3월에 [재 교섭을 위해, 다시 사자가 출발했다.] 대차

사 정관으로 타다 요자에몬이, 그리고 도선주로 반 야나기자에
몬이, 또 봉진역으로 테라사키 요자에몬이 도해를 명받았다. [지
참하는 서간은 이하와 같은 취지의 문언이다.] 죽도일건에 대해
[이것을 해결하려고] 전에 사자를 차견했다. 그러나 반한 속에
울릉도의 일이 기재되어 있기 때문에 [해결되지 않았다.] 우리
쪽이 울릉도의 일을 특별히 언급하지 않았는데도 불구하고, 그
섬의

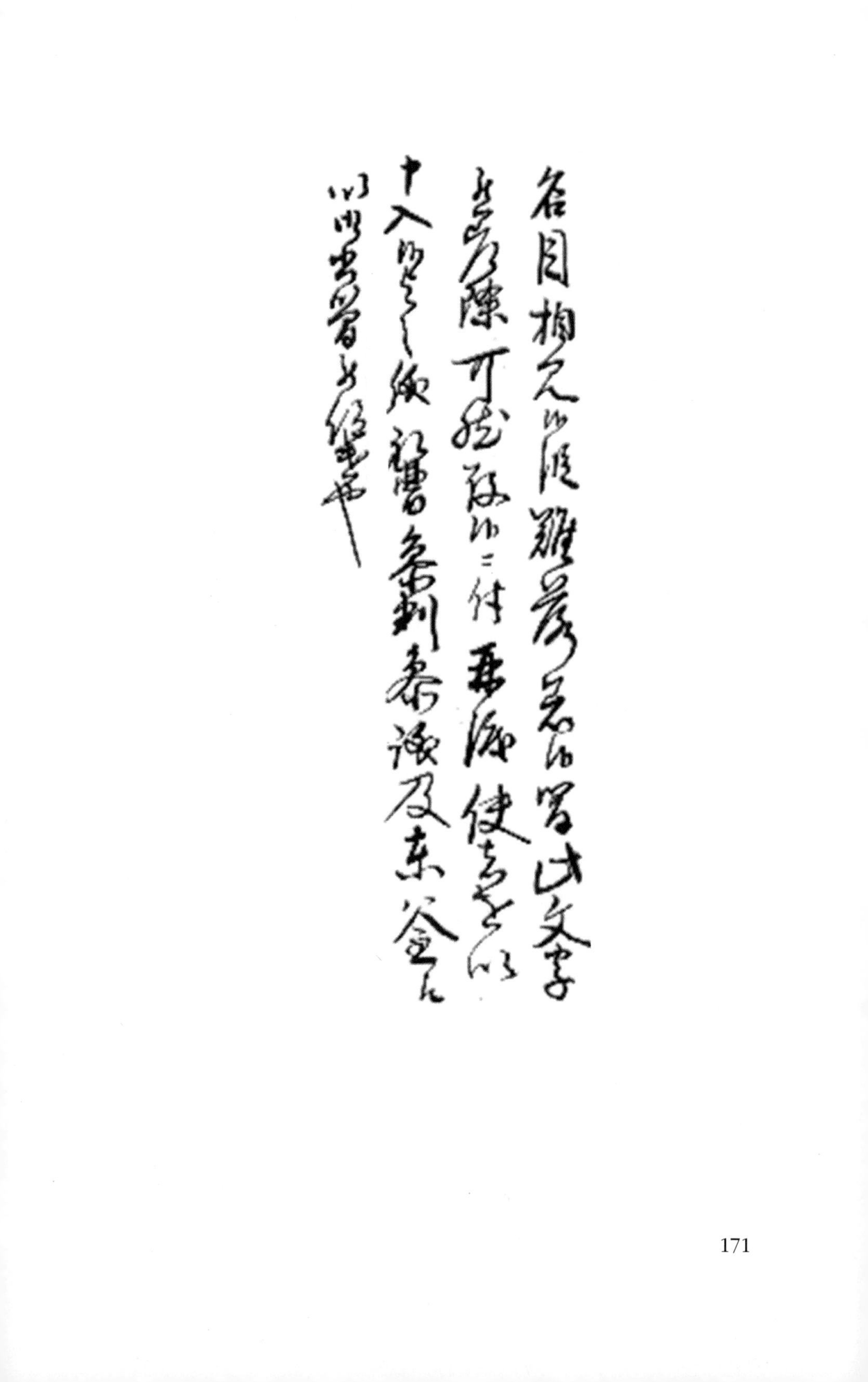

名目相見候段難落着候間此文字被差除可然存候ニ付再渡使者を以申入
候与之儀礼曹参判参議及東釜江以御書簡被仰遣也

名を[敢えて朝鮮が書中に]掲げたため、落着し難くなったのである。
そこで欝陵嶋の文字を差し除いた返翰を[今一度、こちらにお渡し下
さるよう]再度となる渡海の使者を以て、ここに申し入れる。こうし
て使者の一行は、礼曹参判、参議、及び東釜(東莱府使と釜山僉使)へ
向け、このような内容の御書簡を以て、それぞれに申し入れを行う
事になった。

이름을 [일부러 조선이 서중에] 올렸기 때문에 해결하기 어렵게 된
것이다. 그래서 울릉도라는 문자를 삭제한 반한을 [지금 다시, 우리
쪽에 건네주시도록] 또다시 도해의 사자를 보내, 이것을 말씀드린다.
이렇게 하여 사자 일행은 예조참판, 참의 및 동부(동래부사와 부산첨
사)에게, 이러한 내용의 서간을 가지고, 각각 요구하게 되었다.

一、興あら拙風清簡各判参政東釜り
　　つちゞ嘗九ゞゝ也ゝゝ

日本國對馬州太守拾壹平　義倫　奉書二

朝鮮國禮曹參判大人　閤下

様使歸來即承二

四織主後數過而者二

貴國漁氓徃入ルニ

本國竹島芳四邊為我書不言蔚陵島之事令

(18-01)

- 与左衛門持渡礼曹参判参議東釜江之御書簡左ニ記之

日本国対馬州太守拾遺平義倫奉ニ書ス

朝鮮国礼曹叅判大人ノ閣下ニ一

槎使帰リ来ル即承ク二

回緘ヲ一圭復数過向サキニ者

貴国ノ漁氓徃テ入ル二

本国ノ竹島ニ一者回シ還ス焉我カ書不レ言二蔚陵島ノ之事ヲ一今

(18-01)

- 与左衛門が持ち渡った礼曹参判、参議、東釜への御書簡を、左
  に記す。

礼曹参判への書簡

[真文]

日本国対馬州太守拾遺平義倫奉書朝鮮国礼曹叅判大人閣下　槎使帰
来即承回緘　圭復数過向者貴国漁氓徃入本国竹島者回還焉我書不言蔚
陵島之事今

[読み下し文]

日本国の対馬州太守にして拾遺たる平義倫、朝鮮国の礼曹参判大
人の閣下に書を奉る。槎使帰り来り、即ち回緘を承く。圭復の数は
過ぐ。向(さき)者(は)貴国の漁氓、徃て本国の竹島に入る者、回し還

す。我が書、蔚陵島の事を言わず。今の

[現代語訳]

　日本国の対馬藩主で拾遺の称号を持つ平義倫(宗義倫)から、朝鮮国の礼曹参判の大人閣下へ書簡を送る。使者が帰国致し、回答の御書簡を承った。圭復(何度も読み返し)その数も過ぎるほど[読み返した。]いつぞや貴国の漁民が渡って来て、我が国の竹嶋に入る事があった。その者どもを回送し、故郷に帰還させた。そのような事を申し伝えた当方の書簡には、蔚陵嶋の事について、何も言葉を述べなかった。だが今

　일본국 쓰시마 번주이고 습유 칭호를 가진 타이라 요시쓰구(소우 요시쓰구)가 조선 예조참판의 대인합하에게 서간을 보낸다. 사자가 귀국하여 회답의 서간을 받았다. 규복(몇 번이고 반복해서 읽다)하기 수를 헤아릴 수 없을 정도로 [반복해서 읽었다.] 언제인가 귀국의 어민이 건너와서, 우리나라의 죽도에 들어오는 일이 있었다. 그자들을 회송하여 고향으로 귀환시켰다. 그러한 일을 설명하여 전한 당방의 서간에는 울릉도에 대해, 아무런 말도 이야기하지 않았다. 그러나 금(회)

甲磵古蔚陵島名是所難处也仍而差正官橘真重都
船主藤成時只冀却蔚陵之名惟幸不係東釘存近
不克縷縷餘陛徒价吉端不興幣產聊申遐悰
荒當肅此不宣
元祿七年甲戌二月　日
對馬州太守拾遺平　義倫

回簡有二蔚陵島ノ名一是所之レ難キレ暁也仍テ再ヒ差ハス二正官橘ノ真重都
船主藤ノ成時ヲ一只冀クハ除二却セハ蔚陵ノ之名ヲ一惟レ幸ナラン不佞東行在リ
レ近キニ
不レ克二縷挙スルコト一余ハ附トス二使价ノ舌端二一不腆ノ弊産聊カ申二退忱ヲ一
莞留セヲ粛此不宣
元禄七年甲戌二月　日
対馬州太守拾遺　平　義倫

回簡有蔚陵島名是所難暁也仍再差正官橘真重都船主藤成時只冀除
却蔚陵之名惟幸不佞東行在近不克縷挙余附使价舌端不腆弊産聊申退
忱莞留粛此不宣
元禄七年甲戌二月日
対馬州太守拾遺平義倫

　回簡、蔚陵島の名有り。是れ暁(あ)け難き所也。仍て再び正官橘真
重、都船主藤成時を差し遣わす。只冀(こいねがわ)くば蔚陵の名を除
き却せば惟れ幸ならん。不佞、東行近きに在り縷(る)挙(きょ)するこ
と克せず。余は使(し)价(かい)の舌端に附す。不(ふ)腆(てん)の弊産聊
(いささ)か退(か)忱(しん)を申す。莞留せよ。粛此れ不宣。
　元禄七年甲戌二月日、
　対馬州太守拾遺平義倫

　回の御返翰には、この蔚陵嶋の名が有った。是れは理解し難い所
である。よって再び正官として橘真重(多田与左衛門)を、そして都船

主として藤成時(番柳左衛門)を、ここに差し遣わすことにした。ただ冀(こいねがわ)くば、蔚陵の名を除却して下されば幸甚である。不佞(私)は東行(江戸行き)が近づき、縷挙(こまごまと言挙げ)はできない。その余のことは使价(使者)の舌端(口上)に附することにする。不腆(粗末)の弊産(土産品)を送り、聊(いささ)か遐忱(遠くからの誠実)を申し述べる。莞留(御笑納)されたい。粛然として此の文を記した。充分には宣べ得なかったが、了解されたい。

元禄七年甲戌二月日、
対馬州太守拾遺平義倫

　금회의 반한에는 이 울릉도의 이름이 있었다. 이것은 이해하기 어려운 곳이다. 따라서 다시 정관으로 타치바나 마사시게(타다 요자에몬)을, 그리고 도선주로 후지 나리토키(반 야나기자에몬)을, 차견하기로 했다. 그저 원하는 것은 울릉도라는 이름을 제각하여 주시면 행심이다. 부녕(저)은 동행(에도행)이 가까워져, 누거(이것저것 언급하다)할 수 없다. 그 나머지의 일은 사개(사자)의 설단(구상)에 넘기기로 한다. 부전(좋지 않은)의 폐산(선물)을 보내, 약간의 하침(원방에서 보내는 성실)을 보내드린다. 완류(웃으며 받다)해 주었으면 한다. 숙연히 이 문을 기록했다. 충분히는 말하지 못하였으나 이해하여 주었으면 한다.

겐로쿠 7년 갑술 2월　일
쓰시마슈우 태수 습유 타이라 요시쓰구

日本國對馬州太守拾遺平 義倫 李書

朝鮮國禮曹參議 大人 閣下

使价歸来リ

回前陳ニ至向者ニ

貴域ノ漁民徒ニ入ニ

本國ノ竹島ニ者回還ス焉嵗ニ

日本国対馬州太守拾遺　平　義倫　奉ㇾ書ス

朝鮮国礼曹叅議大人ノ　閣下ニ一

使价帰リ来リ

回簡随至ㇽ向者ニ

貴域ノ漁民徃テ入ㇽ二

本国ノ竹島ニ一者回還ス焉茲ニ

東莱府使および釜山僉使への書簡

[真文]

日本国対馬州太守拾遺平義倫　啓達朝鮮国東莱釜山両令公閣下向者貴域漁民徃入

[読み下し文]

日本国の対馬州太守にして拾遺たる平義倫、朝鮮国の東莱釜山両令公の閣下に啓達す。向者(さきは)、貴域の漁民徃て

[現代語訳]

日本国の対馬藩主で、拾遺の称号を持つ平義倫(宗義倫)から、朝鮮国の東莱府使および釜山僉使の両令公閣下に啓達する。いつぞや貴域の漁民が渡り来て、

일본국 쓰시마 번주이고 습유의 칭호를 가진 타이라 요시쓰구(소우 요기쓰구)가 조선국 동래부사 및 부산첨사 두 영공 합하에게 계달한다. 그 언제인가 귀역의 어민이 건너와서

來判參書　方有蔚陵島　名由是再差正官楊真重

都船主藤成時　要除去蔚陵之名　不梅東行在道

書不盡言　餘附使价　苦端不腆　別錄致謝忱

笑留　多幸肅此不宣

元祿七年甲戌二月　日

對馬州太守拾遺子、　義倫

叅判ノ荅書方ニ有リ二蔚陵島ノ名一由レ是再ヒ差シテ二正官橘ノ真重

都船主藤ノ成時ヲ一要ス二除二去ランコトヲ蔚陵ノ之名ヲ一不侫東行在リレ近キニ

書不レ尽サレ言ヲ余ハ附ス二使价ノ舌端ニ一不腆ノ別録聊カ致ス二遠誠ヲ一

笑留セハ多幸ナラン粛此不宣

元禄七年甲戌二月　日

対馬州太守拾遺　平　義倫

　本国の竹島に入る者、回還す。仍て報緘を承り、茲に叅判の荅書
方に蔚陵島の名有りて、更に暁り難し。故を以て再び正官橘真重、
都船主藤成時を遣して、書を南宮に呈し転達せし事の煩いを匂う。
不侫今、東行の傃(しゅく)装(そう)をす。茲(ここ)に覼縷(らる)せず、
悉く使舌に附す。別箋(べつせん)、輶(ゆう)儀(ぎ)を庸(もちい)て使信
を表す。莞存せば幸甚たらん。草此れ不宣。

　元禄七年甲戌二月日、
　対馬州太守拾遺平義倫

　我が国の竹嶋に入った。この者どもを回送し、故郷に帰還させ
た。よって御返報の御書簡を承った。ここに於いて、参判の返答書
に蔚陵嶋の名が有った。これは理解し難い所である。ゆえに再び正
官として橘真重(多田与左衛門)そして都船主として藤成時(番柳左衛
門)を遣し、書簡を南宮(礼曹)に呈することにした。転達を求め、そ
の労を煩わすことになった。不侫(私)は今、東行(江戸行き)の傃装(準
備)があり、ここで覼縷(委曲)を尽くせない。その悉くは使舌(使者の
口上)に附すことにする。別箋(別幅の贈品)は軽微で使者の信(まこと)

を表すだけのものであるが、莞存(御笑納)いただければ幸甚である。
草々に此れを記した。充分に宣べ得ないが、了解せられたい。
　元禄七年甲戌二月日、
　　対馬州太守拾遺平義倫

　우리나라의 죽도에 들어왔다. 이자들을 회송하여 고향으로 귀환시
켰다. 그것에 의해 반보의 서간을 받았다. 그런데, 참판의 반답서에
울릉도라는 이름이 있다. 이것은 이해하기 어려운 곳이다. 그래서 다
시 정관으로 타치바나 마사시게(타다 요자에몬), 그리고 도선주로 후
지 나리토키(반 야나기자에몬)을 파견하여, 서간을 남궁(예조)에 바치
기로 했다. 전달을 요구하여, 노고를 끼치게 되었다. 부녕(저)은 지금
동행(에도행)의 숙장(준비)으로, 여기서 나루(자세히)를 다하지 못한
다. 그 자세한 것은 사설(사자의 구상)에 맡기기로 한다. 별전(별폭의
증정품)은 가벼운 것으로 마음을 나타낼 뿐이나, 완존(웃으며 받다)해
주면 행심이다. 간단히 이것을 기록했다. 충분히 말하지 못하나 이해
해 주었으면 한다.
　겐로쿠 7년 갑술 2월　일
　쓰시마슈우 태수 습유 타이라 요시쓰구

日本國對馬州太守拾遺平 義倫 啓達ス

朝鮮國東萊釜山両令公 閤下

向者

貴國漁民私ニ入ル

本國竹島ニ者回還爲シ仍米ノ

報織玆ニ

参判答書方ニ有リ蔚陵島名ニ而更ニ難塊以故前遣

正官橘真重都船主藤成時望書

日本国対馬州太守拾遺　平　義倫　啓二達ス

朝鮮国東莱釜山両令公ノ　閣下ニ一

　　向者ニ

貴域ノ漁民𨓿テ入ルニ

本国ノ竹島ニ一者回還ス焉仍テ承ク二

　　報縅ヲ一茲ニ

　　㮹判ノ荅書方ニ有リテ二蔚陵島ノ名一而更ニ難シレ暁リ以レ故ヲ再ヒ遣シテニ

　　正官橘ノ真重都船主藤ノ成時ヲ一呈シニ書ヲ

東莱府使および釜山僉使への書簡

[真文]

日本国対馬州太守拾遺平義倫　啓達

朝鮮国東莱釜山両令公閣下向者貴域漁民𨓿入本国竹島者回還焉仍

承報縅茲㮹判荅書方有蔚陵島名而更難暁以故再遣正官橘真重都船主

藤成時呈書

[読み下し文]

　日本国の対馬州太守にして拾遺たる平義倫、朝鮮国の東莱釜山両

令公の閣下に啓達す。向者(さきは)、貴域の漁民𨓿て本国の竹島に入

る者、回還す。仍て報縅を承り、茲に㮹判の荅書方に蔚陵島の名有

りて、更に暁り難し。故を以て再び正官橘真重、都船主藤成時を遣

して、書を

[現代語訳]

　日本国の対馬藩主で、拾遺の称号を持つ平義倫(宗義倫)から、朝鮮国の東莱府使および釜山僉使の両令公閣下に啓達する。いつぞや貴域の漁民が渡り来て、我が国の竹嶋に入った。この者どもを回送し、故郷に帰還させた。よって御返報の御書簡を承った。ここに於いて、参判の返答書に蔚陵嶋の名が有った。これは理解し難い所である。ゆえに再び正官として橘真重(多田与左衛門)そして都船主として藤成時(番柳左衛門)を遣し、書簡を

동래부사 및 부산첨사에게 보내는 서간

　일본국 쓰시마 번주이고 습유의 칭호를 가진 타이라 요시쓰구(소우 요시쓰구)가 조선국 동래부사 및 부산첨사 두 영공 합하에게 계달한다. 그 언제인가 귀역의 어민이 건너와서, 우리나라의 죽도에 들어왔다. 이자들을 회송하여 고향으로 귀환시켰다. 이것에 의한 반보의 서간을 받았다. 이곳에, 참판의 반답서에 울릉도의 이름이 있다. 이것은 이해하기 어려운 곳이다. 그래서 다시 정관으로 타치바나 마사시게(타다 요자에몬), 그리고 도선주로 후지 나리토키(반 야나기자에몬)을 파견하여 서간을)

南宮句煩シテラ

轉達刊侯令束行似装益不観縷恭附便告別

箋韓儀庸表使信

荒夜幸甚草此不宣

元禄七年甲戌二月　日

對馬州太守拾遺平

義倫

南宮ニ-匂フ煩サンコトヲ-ニ

転達センコトヲ-不佞今マ東行ノ俶装ス茲ニ不二覼縷セ-悉ク附ス二使舌ニ-別

箋輶儀庸テ表ス二使信ヲ-

莞存セハ幸甚タラン草此不宣

元禄七年甲戌二月　日

　対馬州太守拾遺　平　義倫

南宮匂煩転達不佞今東行俶装茲不覼縷悉附使舌別箋輶儀庸表使信莞
存幸甚草此不宣
　元禄七年甲戌二月　日
　対馬州太守拾遺平義倫

南宮に呈し転達せし事の煩いを匂う。不佞今、東行の俶(しゅく)装
(そう)をす。茲(ここ)に覼縷(らる)せず、悉く使舌に附す。別箋(べつ
せん)、輶(ゆう)儀(ぎ)を庸(もちい)て使信を表す。莞存せば幸甚たら
ん。草此れ不宣。
　元禄七年甲戌二月　日、
　対馬州太守拾遺平義倫

南宮(礼曹)に呈することにした。転達を求め、その労を煩わすことに
なった。不佞(私)は今、東行(江戸行き)の俶装(準備)があり、ここで
覼縷(委曲)を尽くせない。その悉くは使舌(使者の口上)に附すことに
する。別箋(別幅の贈品)は軽微で使者の信(まこと)を表すだけのもの
であるが、莞存(御笑納)いただければ幸甚である。草々に此れを記し

た。充分に宣べ得ないが、了解せられたい。

　元禄七年甲戌二月日、

　対馬州太守拾遺平義倫

남궁(예조)에 올리기로 했다. 전달을 요구하여, 노고를 끼치게 되었다. 부녕(저)은 지금 동행(에도행)의 숙장(준비)으로, 여기서 나루(자세히)를 다하지 못한다. 그 자세한 것은 사설(사자의 구상)에 맡기기로 한다. 별전(별폭의 증정품)은 가벼운 것으로 마음을 나타낼 뿐이나, 완존(웃으며 받다)해주면 행심이다. 간단히 이것을 기록했다. 충분히 말하지 못하나 이해하여 주었으면 한다.

　겐로쿠 7년 갑술 2월　일

　쓰시마슈우 태수 습유 타이라 요시쓰구

去此稍之逃天龍寺南芳流東谷向義

書稿二書義立一所飯茄幅二書

右書翰三通天竜寺南芳院東谷洵長老之書稿ニ書載在之候故別幅者略之

　右書翰の三通は、天竜寺南芳院の東谷洵(しゅん)長老の書稿に書き載せてある。それゆえ別幅(物品目録)については、これを省略する。

　위의 서간 3통은 텐류우지 난호우인 토우코쿠쥰 장노의 서고에 기재되어 있다. 그렇기 때문에 별폭(물품목록)에 대해서는 이것을 생략한다.

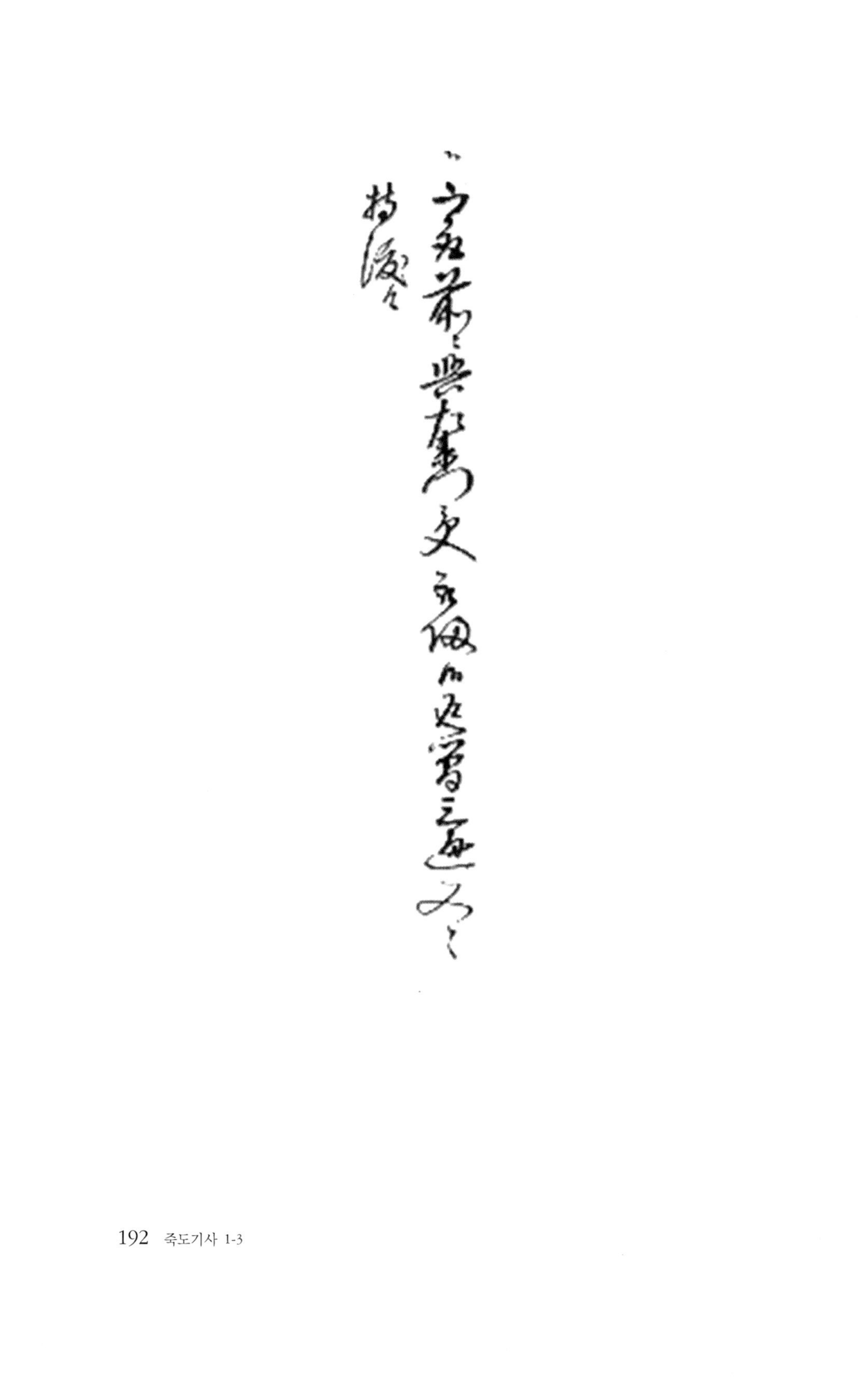

(18-02)

• 最前ニ与左衛門受取帰候返簡三通又々持渡ル

(18-02)

• 最前に、与左衛門が受け取り[対馬に]持ち帰った返翰三通(参判と参議と東釜からの三通の書簡)を、又々[朝鮮へ]持ち渡った。

(18-02)

• 최전에 요자에몬이 수취하여 [쓰시마]에 가지고 돌아온 반한 3통(참판과 참의와 동부의 3통의 서간)을 다시 [조선에] 가지고 건너갔다.

阿比留恭助
醫師
呈□人金□□相附□□

(18-03)

- 阿比留惣兵衛^并医帥笠原養沢其外足軽五人与左衛門^江相附被差渡

(18-03)

- 阿比留惣兵衛ならびに医帥の笠原養沢(ようたく)、其の他、足軽五人を、与左衛門に相附けて[この度]朝鮮へ差し渡す事になった。

(18-03)

- 아비루 소우베에 및 의사 카사하라 요우타쿠, 그 외에 아시가루 5인을 요자에몬에게 딸려 [이번에] 조선에 파견하게 되었다.

興庵爲衆船八十六艘一艘小子一艘八船

船之般之

(18-04)

- 与左衛門乗船五十六挺一艘小早一艘引船御手船壱艘也

(18-04)

- 与左衛門の乗る船は五十六挺船の一艘で、その他に小早船が一艘、引船が一艘、御手船が一艘である。

(18-04)

- 요자에몬이 타는 배는 56정선 1소로, 그 외에 코바야부네가 1소, 히키부네가 1소, 오테부네가 1소이다.

(18-05)

- 是より前先向使鈴木加平次被差渡館着ニ付御用之参判使多田与左衛門再渡可有之段館守幾度六右衛門裁判高勢八右衛門方より両訳を以東莱江申達候処五月五日東莱より両訳を以先向使之儀ニ付都表より返答到来之由ニ而申来候ハ参判江之御使者被差渡候由承届候乍然不時之御使者之儀向後被差渡

(18-05)

- 是より前に、先向使として鈴木加平次が差し渡され、草梁和館に到着した。御用のための参判使として、多田与左衛門が再び渡海し交渉に当たると、館守[(註1)]の幾度(きど)六右衛門や裁判の高勢八右衛門方から、両訳(訓導と別差)を介して東莱府使へ、申し伝えを行った。すると五月五日、東莱府使から両訳を介して[返答が来た。]先向使のことに付いては、都表から返答が到来していると、そのような申し伝えである。それによると、参判への御使者が差し渡されたことは承った。だが不時の御使者は、今後もう差し渡され

(18-05)

- 이보다 전에 선향사로 스즈키 카헤이지가 차견되어 초량화관에 도착했다. 용건을 위해 참판사 타다 요자에몬이 다시 도해하여 교섭에 임한다고, 관수 키도 로쿠에몬과 재판 타카세 하치에몬 측에서 양역(훈도와 별차)을 통하여 동래부사에 전달했다. 그러자 5월 5일에 동래부사가 양역을 통해 [반답을 보내왔다.] 선향

사의 건에 대해서는 도성의 반답이 도래했다고 하는, 그러한 전
달이었다. 그것에 의하면 참판에게 보내는 사자를 차견했다는
이야기는 들었다. 그러나 불시의 사자는 금후 다시 건너 보내지

間敷与兼而御約束之事候若竹嶋之儀ニ付被仰渡事ニ候ハ、此段者先頃
相済返簡御請取御使者帰国為被成事ニ候ヘハ又々被仰渡候儀有之間敷
与存候旁以今度之御使者難請存候間被差渡候儀御無用ニ被遊被下候様
ニ与之儀ニ付館守裁判返答ニ都より御返事之趣被仰聞承届候不時之使者
差渡申間敷之由兼而

ないようにと、かねてからの約束がある。[そのような取り決めに、
これは違反する。]もしも竹嶋のことに付いて、なお申し伝えたいこ
とがあっての事であれば、このことは先頃、処理済みである。返翰
を御請け取りになられ、御使者は[すでに]御帰国に成っておられる。
それを又々[蒸し返し、再交渉を要求し]御渡海なさるようなことは、
有ってはならないことである。いずれにしても今度の御使者につい
ては、お請けできない。[再度]御使者を差し遣わされるようなこと
は、御無用に願いたい。そのような都からの返答を、館守、裁判は
受け取った。それゆえ、その返答を[御国へと]届けてきた。[これに
対し対馬からは反論がなされた。]不時の使者を差し渡してはならな
いと、これは兼ねてから

않도록 한다는, 전부터의 약속이 있다. [그러한 결정에, 이것은 위반
한다.] 혹시라도 죽도에 대한 일로, 다시 하고 싶은 말이 있는 것이라
면, 이 일은 지난번에 처리가 끝났다. 반한을 수취하여, 사자가 [이미]
귀국하였다. 그것을 다시 [뒤집어서, 재교섭을 요구하며] 도해하는 것
과 같은 일은 있어서는 안 될 일이다. 어찌되었든 이번의 사자에 대
해서는 받아들일 수 없다. [다시] 사자를 차견하는 것과 같은 일은 하

지 말아 주기 바란다. 그러한 도성의 반답을 관수와 재판이 받았다. 그렇기 때문에 그 반답을 [쓰시마로] 보내왔다. [이것에 대해 쓰시마는 반론을 말했다.] 불시의 사자를 차견해서는 안 된다고, 이것은 이전부터

御約束申置候由是以難心得事ニ候首尾ニより為事立儀者参判之使者ハ
不及申其外之雖為使者差渡可申事ニ候殊更此度申談候竹嶋之儀者東武
より蒙仰被申越儀ニ候ヘハ返簡之内難落着儀有之ハ何時も申談直シ不
被申候而不叶事ニ候如何様之首尾申越候茂無御存御使者を御請

御約束として申し置いていた事と、そのような事を[こちらは全く]承
知していない。首尾[の善し悪し]によって言立てすることは、参判の
使者は言うまでもなく、その外の使者にあっても[あることである。
つまり不時の使者]派遣は行って支障の無い事と[こちらは]思ってい
る。殊にこの度は、申し入れの[必要な、重要な]会談である。竹嶋の
ことは、東武から御命令のあった件であるため、返翰の内に納得し難
い点があれば、何度でも会談は繰り返され、交渉の練り直しが成され
ねばならない。これは、そのような事案である。どのような事情を申
し伝えても[この際]御承知することなく、御使者を御請けに

약속해 둔 일이라고, 그러한 일을 [우리는 전혀] 알지 못한다. 상황[의 좋
고 나쁨에] 따라 약속하는 것은, 참판의 사자는 말할 것도 없고, 기타의
사자라 해도 [있는 일이다. 즉 불시의 사자] 파견은 행해도 지장이 없는
일이라고 [우리는] 생각하고 있다. 특히 이번은 요구가 [필요하고, 중요
한] 회담이다. 죽도의 일은 동도에서 명령한 사건이기 때문에, 반한 속에
납득하기 어려운 점이 있으면, 몇 번이라도 회담을 되풀이하여, 교섭의
조절이 이루어지지 않으면 안 된다. 이것은 그러한 사안이다. 어떠한 사
정을 전해도 [이번에] 이해하지 못하고, 사자를 받아들이지

被成間敷与之儀誠信之上ニ而有間敷事ニ候使者を御請接慰官被差下書
簡之趣又者使者口上御聞届候而其上ニ而善悪之御返答者可有之儀ニ候
弥使者之儀進之罷越候様ニ申遣候定而対州可被致出帆与致推量候此段
東莱江申入都江注進被仕候様ニ与申遣

成られないとの事であれば、それは誠信の交わりの上から言って、
あるべき筈も無いことである。使者を御請け下さり、接慰官を差し
下され[こちらの使者が差し出す]書簡の趣旨、又は使者の口上を御聞
き届け下さらなければならない。その上で善悪の御返答を下さるの
が、有るべき道理であろう。[このように話し]いよいよ使者の派遣を
押し進め、やがて使者の渡海があることを申し伝えた。こうなれば
必ずや対州から[使者の船が]出帆する。そのように[あちらは]推量す
る。その推量の通りを[そのまま]東莱府使へ申し入れた。そして[こ
との動きを是非]都へ注進なさるよう、申し遣わした。

않는다고 하는 일이 되면, 그것은 성신의 교제라는 관점에서 말하자
면, 있을 수 없는 일이다. 사자를 받아주시고, 접위관을 내려 보내 [우
리의 사자가 제출하는] 서간의 취지, 또 사자의 구상을 들어주지 않
으면 안 된다. 그런 후에 선악의 반답을 내리시는 것이, 취해야 할 도
리일 것이다. [이렇게 이야기하여] 결국 사자의 파견을 진행시켜, 사
자가 도해한 것을 전달했다. 이렇게 되면 반드시 타이슈우에서 [사자
의 배가] 출범한다. 그렇게 [저쪽은] 추량한다. 그 추량한 것을 [그대
로] 동래부사에게 이야기했다. 그리고 [일의 움직임을 반드시] 도성에
전하도록 전했다.

六月廿八日 發船一行 府内滞帆云々

言較伸以閣而已矣

(18-06)

・五月廿八日与左衛門一行府内浦出帆閏五月二日鰐浦御関所廻着

(18-06)

・五月二十八日、与左衛門の一行は、府中の内浦を出帆した。そして閏五月二日に[対馬の北端]鰐浦の御関所に廻着した。

(18-06)

・5월 28일에 요자에몬 일행은 부중의 우치우라를 출범했다. 그리고 윤 5월 2일에 [쓰시마의 북단] 와니우라의 세키쇼에 회착했다.

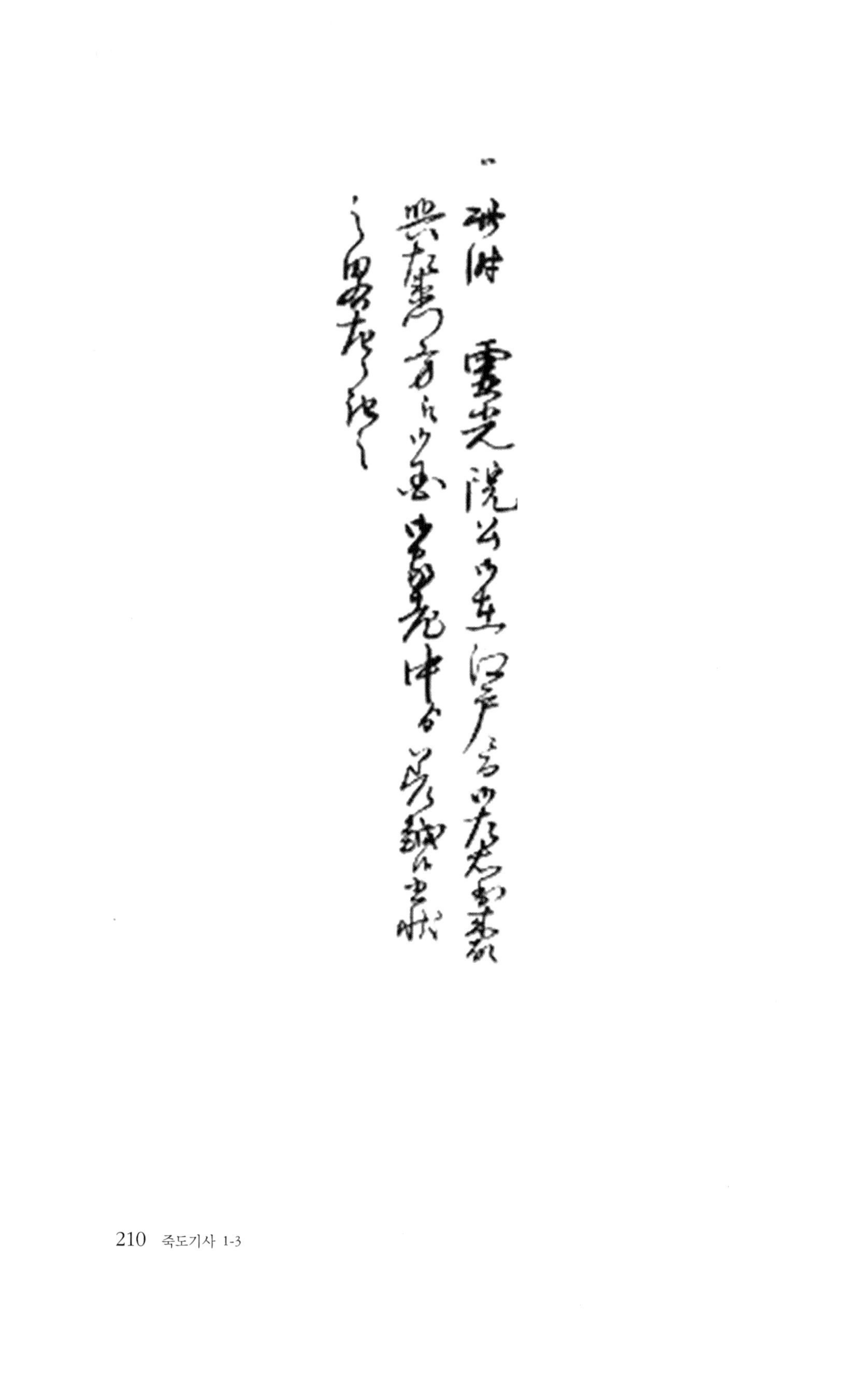

(18-07)

- 此時、霊光院公御在江戸ニ而御左右到来故与左衛門方ヘ^江御国御家老中より差越候書状之略左ニ記之

(18-07)

- この時、霊光院公(藩主の宗義倫)は江戸に御在住であった。その[江戸から]御通知が到来したので、御国御家老中から与左衛門方へ[この内容を知らせるため急遽、書状を]差し送って来た。その書状の概略を左に記す。

(18-07)

- 이때, 레이코우인공(번주 소우요시쓰구)은 에도에 재주하고 있었다. 그 [에도에서] 통지가 내도했기 때문에, 나라의 가로들이 요자에몬 측에 [이 내용을 알리기 위해 급거, 서장을] 보내왔다. 그 서장의 개략을 아래에 기록한다.

• 此度江戸表より被仰越候者貴様朝鮮渡海之儀段々及延引候付返
　簡到来之御案内遅々可仕与大切被思召上候江戸表之勢延引候得
　者不宜儀ニ候間急度渡海仕候様ニ可申渡与之御事候

• この度、江戸表から御連絡があった。貴殿の朝鮮渡海[による交
　渉]は色々と延引に及んでいる。それゆえ[朝鮮からの在るべき]
　返翰が到来する予定も、遅々として[はかどっていない。正官と
　しての御役目を、もっとしっかり]仕るべきと[御主君は、その仕
　事を、いよいよ]大切に思っておられる。江戸表の趨勢は、なお
　延引すれば[公儀に対し]宜しからぬ立場に至ると[そのように懸
　念しておられる。]それゆえ、しっかりと決意して渡海するよう
　に[この際]申し渡しておく。

• 이번에 에도에서 연락이 있었다. 귀전의 조선도해[에 의한 교섭]
　은 여러 가지로 늦어지고 있다. 그렇기 때문에 [조선에서 보내야
　하는] 반한이 도래하는 예정도 늦어지고 있어 [진전이 없다. 정
　관으로서의 역할을 좀더 제대로] 수행해야 할 것이라고 [주군은
　그 일을 아주] 중요하게 생각하고 계신다. 에도의 추세는 더 지
　연되면 [장군에 대해] 좋지 않은 입장에 이른다고 [그렇게 걱정
　하고 계신다.] 그렇기 때문에 단단히 결의하고 도해할 것을 [이
　번에] 전하여 둔다.

註1、館守

　和館の総括責任者のことである。館内すべての事柄に付き承知し、藩主に成り代わり、その支配を行っていた。その任期はおおよそ二年である。館守の重要な任務の一つが、館守日記(毎日記)の記帳である。館守がその役目を受けた日から、後任に引き継ぐまで、毎日の気象、対馬和館間の船、人、書簡の往来、朝鮮との諸交渉、館内の様々な出来事などを克明に記すことであった。これによって任期中にどのようなことがあったのか、また事務の円滑な処理が行われたのか、事件があった場合、正しく対処できたのか、等々の事を、後日、客観的に確認することができた。

　관수

　화관의 총책임자를 말한다. 관내의 모든 일을 이해하고 번주를 대리하여 그 지배를 행한다. 임기는 대개 2년이다. 관수의 중요한 임무의 하나가 관수일기(매일기)의 기장이다. 관수가 그 역할을 맡은 날부터 후임에게 인계할 때까지 매일의 기상, 쓰시마와 화관 간의 배, 사람, 서간의 왕래, 조선과의 제 교섭, 관내의 여러 가지 사건 등을 극명하게 기록하는 일이었다. 이것으로 임기 중에 어떠한 일이 있었는가, 또 사무의 원활한 처리가 이루어졌는가, 사건이 있었을 경우, 바르게 대처했는가 등등의 일을, 후일에 객관적으로 확인할 수 있다.

○月七年二月十三日興墨一行海帆後

"抹海ろ書藝活写され江界興墨

江風、相り汽船乙花し

【大綱一九段（元禄七年閏五月）】

(19-00)

○ 同七年閏五月十三日与左衛門一行渡海館着

(19-01)

・持渡り書簡両訳写取候次第与左衛門記録゠不相見候故不記之

【大綱一九段（元禄七年閏五月）】

(19-00)

○ 元禄七年閏五月十三日、与左衛門の一行は渡海し、草梁和館に
到着した。

(19-01)

・[この度、与左衛門が]持ち渡った書簡を[朝鮮方の]両訳が[和館に
おいて]写し取った。その次第は、与左衛門の記録に見えぬた
め、記さない。

【대강 19단(겐로쿠 7년 윤 5월)】

(19-00)

겐로쿠 7년 5월 13일에 요자에몬 일행은 도해하여 초량화관에 도
착했다.

(19-01)

• [이번의 요자에몬이] 가지고 건넌 서간을 [조선 쪽의] 양역이 [화관에서] 옮겨적었다. 그 내용은 요자에몬의 기록에 보이지 않아 기록하지 않는다.

【제2차 교섭의 개시】

원록 7년, 즉 숙종 20년의 5월에 다시 多田与左衛門이 다시 도해했다. 초량화관에 도착한 것은 윤 5월 13일이다. 어디까지나 「폐경의 울릉도」라는 문자를 삭제시키려고, 다시 소우 요시쓰구의 서간을 가지고 있었다. 또 이전에 수취했던 조선의 서간(제1차복서)도 가지고 있었다. 역시 받을 수 없다며 반각하기 위한 도해였다. 그것 때문에 상당한 각오를 가지고 도해했다. 이 정사(참판사) 파견과 더불어, 조선에서는 새로운 접위관으로 사헌부장령으로 정4품의 관직에 있는 유집일(兪集一)이 5월 25일에 임명되었다. 이것으로 제2차 교섭이 구체적으로 시작된다. 그러나 새로운 소론파 정권은 남인파의 융화정책을 이미 파기하였다. 그러므로 당연히 타다의 요구를 거절한다. 사전교섭의 차원에서 역시 천천히 소모적인 교섭이 계속되었다. 그것도 교섭의 상대가 되는 접위관 자체가 좀처럼 부산에 내려오지 않았다. 그래서 더욱 집요하게 타다는 개찬서계(제1차 복서)를 요구했다. 그러는 사이에 부산부임을 뒤로 미루고 있던 접위관 유집일이 8월 3일에 동래부에 도착하게 된다. 도착하자 사건의 증인인 안용복을 접견했다.

경신대출척(庚申大黜陟)

1680(숙종 6)년에 남인세력이 정치적으로 대거 축출된 사건. 숙종초기에는 1674(현종 15)년 예송(禮訟)에서 승리한 남인이 정권을 잡고 있었다. 1659년에 벌어진 첫번째 예송에서는 서인이 승리하여 남인이 실각하였으나, 1674년의 2번째 예송에서 남인이 승리하여 숙종 초년

에는 이들이 정권을 잡았다. 숙종은 서인에 속하는 모후인 명성왕후의 족질 김석주에게 군권(軍權)을 맡겨 남인을 견제하는 태도를 보였다. 군권을 누가 장악하느냐에 의해 앞으로의 권력의 향배가 결정되었기 때문에 군권을 장악하려는 정치세력간에 각축이 계속되었다. 따라서 김석주 등을 견제하기 위해 남인 윤휴는 도체찰사부(都体察使府)의 설치를 주장하여 도체찰사부가 설치되고, 남인 허적이 체찰사에 임명 되었다. 도체찰사부는 영의정을 도체찰사로 하는 전시의 사령부로서 외방 팔도의 모든 군사력이 그 통제를 받게 되었다. 총융사와 수어사 도 경기도의 군사력으로 간주되어 도체찰사의 통제 아래 들어갔다. 도 체찰사가 된 허적은 훈련도감과 어영청마저 도체찰사부에 소속시켜 군권을 하나로 합치자고 건의하였다. 이에 김석주 등이 강력히 반발하 여 도체찰사부는 일시 혁파되었으나, 1678년 영의정 허적의 건의로 복 설되었다. 군권을 비롯한 권력이 남인, 그 가운데서도 탁남(濁南)에 편 중되자 숙종은 이들을 견제할 필요성을 느끼고 서인들을 유배에서 방 면해 주었다. 그러던 중 1680년 3월에 남인의 영수인 영의정 허적이 조부의 시호를 맞이하는 잔치에 궁중의 천막을 가져다 쓴 사건이 발 생하였다. 숙종은 이날 비가 내리자 허적에게 궁정의 기름먹인 천막을 가져다 쓰라고 명하였으나, 이미 가져간 것을 알고 크게 노하여 군권 을 서인에게 넘기는 전격 조치를 취하였다. 훈련대장을 남인계인 유혁 연에서 총융사 김만기로 바꾸고 김만기의 후임에는 신여철을, 수어사 에는 김익훈을 임명하였다. 이들은 모두 서인들이었다. 한 달 뒤에 재 등장한 서인들로 구성된 사간원과 사헌부에서 남인과 긴밀한 관계에 있던 종실 복창군·복선군·복평군을 절도(絶島)에 안치(安置)하라는 계를 올렸다. 거기다가 허적의 서자인 허견이 이들과 함께 역모를 꾸

몄다는 고변이 있었다. 이 역모사건으로 허견이 능지처사(凌遲処死)되고 복선군이 교수형에 처해졌다. 역모와 직접 관련이 없다고 판명된 허적·오정창·윤휴·이원정·민희·유혁연 등 남인의 실권자들은 관직에서 쫓겨나 유배를 당하였다. 이 사건을 계기로 남인이 중앙 정계에서 대거 축출되고 서인이 재등장하였다(야후백과사전).

○同七年七月廿一日お○表竹鴻廷○○○

還○○内、薜陵滂○文字事○○審○○

以机○細波○○相○事○為使○○亜○○○

金○○四○上書○相保○○○阿部○陵糧○

【大綱二〇段（元禄七年七月）】

(20-00)

○ 同七年七月廿一日於江戸表竹嶋返簡之写幷返簡之内ニ蔚陵嶋之文
　字在之不審ニ相見候故委細彼国江相尋候為使者再渡差渡置候趣
　御口上書被相添御老中阿部豊後守様江被差上也

【大綱二〇段（元禄七年七月）】

(20-00)

○ 元禄七年七月二十一日、江戸表に於いて[竹嶋一件に付き、途中
　経過の報告が行われた。すなわち]竹嶋について[朝鮮からの]返
　翰の写し[を、ここで公儀に提出した。]それと共に、返翰の内
　に蔚陵嶋の文字が在ることを不審とし、その委細を彼の国へ尋
　ねるため使者を再度、渡海させた。そのような交渉中であるこ
　とを、御口上書を添え、御老中の阿部豊後守様へ差し上げた。

【대강 20단(겐로쿠 7년 7월)】

(20-00)

○ 겐로쿠 7년 7월 21일에 에도에서 [죽도일건에 대해, 도중 경과
　의 보고를 했다. 즉] 죽도에 대해 [조선이 보낸] 반한의 사본[을,
　여기서 장군에게 제출했다.] 그것과 더불어 반한 중에 울릉도
　라는 문자가 있는 것을 이상하게 여기고, 자세한 것을 그 나라

에 묻기 위해 다시 사자를 도해시켜, 교섭 중이라는 것을 구성
서를 첨부하여, 노중 아베 분고노카미 님에게 올렸다.

七月十五日　所部……人　川勝……

……人川勝……後……

孕里……

……後……

磁椋……己……録……直……營寫

(20-01)

- 七月廿一日阿部豊後守様^江平田直右衛門参上御用人川勝平蔵^江致
  面談殿様より御口上之趣段々申達御返簡写

(20-01)

- 七月二十一日、阿部豊後守様[の御屋敷]へ平田直右衛門が参上した。御用人の川勝平蔵へ面談を致し、殿様(宗義倫)からの御口上の趣旨を色々と申し伝え、御返翰の写し、

(20-01)

- 7월 21일에 아베 분고노카미 님[의 저택]에 히라타 나오에몬이 방문했다. 어용인 카와카쓰 히라조우을 면담하여, 토노사마(소우 요시쓰구)의 구상의 취지를 여러 가지 전하고, 반한의 사본

并御口上書渡之候所御返簡読聞せ候様ニ与之事故二篇読候而相渡候所
則被申上御返答被仰出候ハ委細被仰聞候趣承届候此方ニ而も得与致吟
味自是御返答可申入候旨豊後守様御返答之旨被申聞

　•御返簡写別ニ相見候故略之

ならびに御口上書を御渡しした。すると、その御返翰を読み聞かせ
るようにとの要請があり、これを二回ほど読み上げて御渡しした。
そして[御口上書にて]申し上げたことに対する御返答を[口答にて]お
話し下さった。すなわち委細をお伝え下さり、その御趣旨について
は承った。こちらでも、この件に関し、とくと吟味し、やがて御返
答を致すつもりであると、そのような旨を、豊後守様からの御返答
として申し聞かされた。

　•御返翰の写しは、別途に見えているので、この記載は略してお
　　く。

및 구상서를 건넸다. 그러자 그 반한을 읽어 달라는 요청이 있어, 이
것을 2회 읽어 드리고 건넸다. 그리고 [구상서로] 말씀드린 것에 대한
반답을 [구답으로] 말해 주셨다. 즉 자세한 것을 전해주시어, 그 취지
를 알았다. 이쪽에서도, 이 건에 관하여, 차분히 검토하여, 곧 답을 하
겠다고, 그러한 내용을 분고노카미 님이 답으로 해서 말씀하셨다.

　•반한의 사본은 별도로 보이기 때문에, 이 기재는 생략한다.

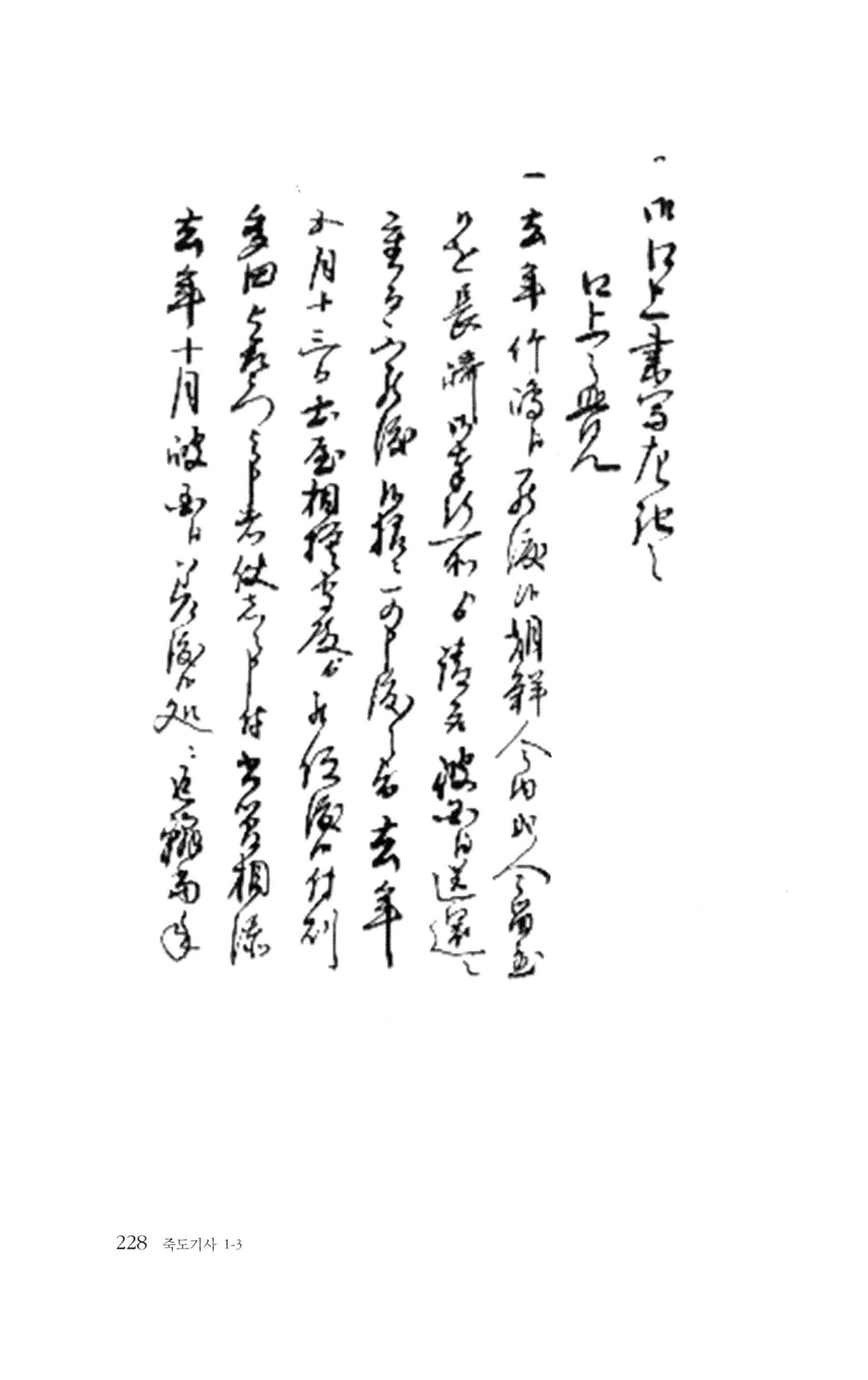

(20-02)

• 御口上書写左記之

口上之覚

一　去年竹嶋^江罷渡候朝鮮人之内弐人被留置候を長崎御奉行所より
　　請取彼国^江送還シ重而不罷渡候様^ニ可申渡之旨去年五月十三日
　　土屋相模守殿より被仰渡候付則多田与左衛門与申者使者^ニ申付
　　書簡相添去年十月彼国^江差渡候処^ニ返翰当年

(20-02)

• [阿倍豊後守様へ提出した]御口上書の写しを、左に記しておく。

口上の覚

一　去年、竹嶋へ渡ってきた朝鮮人の内の二人が[その折に、日本に
　　て]留め置かれておりました。この二人を長崎御奉行所から請
　　け取り、彼の国へ送還し、再び[朝鮮人漁民が]竹嶋に渡らぬよ
　　う[彼の国に]申し渡すよう、そのような御趣旨を、去年五月十
　　三日、土屋相模守殿から命じられておりました。そこで多田与
　　左衛門と申す者を、使者に申し付け、書簡を相添えて、去年十
　　月に、彼の国へ差し渡しました。すると、それに対する返翰
　　が、今年

(20-02)

• [아베 분고노카미 님에게 제출한] 구상서의 사본을 아래에 기록
　한다.

구상의 메모

1, 거년에 죽도에 건너온 조선인 중 두 사람이 [그때에 일본에] 유
치되어 있었습니다. 이 두 사람을 나가사키 봉행소에서 인계받
아, 그 나라에 송환하고, 다시는 [조선인 어민이] 죽도에 건너오
지 않도록 [그 나라에] 요구하라는, 그러한 취지를 거년 5월 13
일에 쓰치야 사가미노카미 님한테 명받았습니다. 그래서 타다
요자에몬이라는 자를 사자로 명하여 서간을 주어서, 거년 10월
에, 그 나라에 차견했습니다. 그러자, 그것에 대한 반한이 금년

二月ニ相達候然処返簡之内ニ蔚陵嶋与申儀相見へ申候此方より者竹嶋江
重而朝鮮人不罷渡様ニ与申遣候処蔚陵嶋江茂不遣候与申越候段朝鮮国ニ
心入も有之而書込申候哉与被存候若又文章之勢迄ニ書込申候哉其段委
相尋書込不申事済

二月に[対馬に]届きました。しかしながら、この返翰の内には、蔚陵
嶋と申す島のことが記載されておりました。こちらからは、竹嶋へ
二度と朝鮮人が渡らぬ様にと、申し伝えたのでございますが[あちら
からは]蔚陵嶋へも渡らぬように申し伝えるのだと、そのように言っ
て来ております。この事は、朝鮮国にても或る考えが有り、この[蔚
陵嶋の]文字を書き込んだものと思われます。あるいは又、文章の勢
いに依る迄のことで、書き込んだのかもしれません。そのあたりの
事を委しく尋ね、書き込みの無いように済ませ、

2월에 [쓰시마에] 도착하였습니다. 그러나 이 반한 안에는 울릉도라
고 하는 섬의 일이 기재되어 있습니다. 우리 쪽에서는 죽도에 두 번
다시 조선인이 건너오지 않도록 하라고 말하였는데, [저쪽에서는] 울
릉도에도 건너가지 말라고 명했다고, 그렇게 말해 왔습니다. 이 일은
조선국에서도 어떤 생각이 있어, 이 [울릉도] 문자를 기입한 것이라고
생각됩니다. 어쩌면 또, 문장의 흐름에 따라 기입한 것인지도 모릅니
다. 그것에 대한 것을 자세히 물어, 기입하지 않도록 하여,

候ハ、蔚陵嶋与申儀除可然存右之使者再罷渡此旨申達候様ニ申付置候
自然除申間敷由申候ハ、如何様之儀ニ而書込申候哉子細委承届帰国仕
候様申付候夫故返翰差上候儀及延引候

蔚陵嶋という島のことを返翰の中から除くよう、右の使者を再び渡
海させ、この旨を申し伝えるよう指示を致しました。[しかし]自然に
除くような事は無いと[あちらから]言うのであれば、どのような理由
から書き込みを致したのか、その子細を委しく承って帰国するよう
に[使者に]申し付けています。このような理由から返翰の[公儀への]
お届けが延引に及んでいるのです。

울릉도라고 하는 섬의 일을 반한에서 삭제하라고, 위의 사자를 다시
도해시켜, 이 뜻을 전하도록 지시하였습니다. [그러나] 쉽게 삭제하는
것과 같은 일은 없다고 [저쪽에서] 말하고 있기 때문에, 어떤 이유에
서 기입한 것인가, 그 이유를 자세히 듣고 귀국하라고 [사자에게] 명
령하였습니다. 이러한 이유로 반한을 [장군에게] 바치는 일이 늦어지
고 있는 것입니다.

一　蔚陵嶋与申儀返簡＝書出候段不審＝存候子細者竹嶋之方角＝相当り
　　朝鮮国之蔚陵嶋与申嶋御座候由及承候若竹嶋を彼国より蔚陵嶋
　　与申候哉無心元存候

一　蔚陵嶋と言う島が、返翰に書き出してあるため[こちらは]不審に
　　思っています。その子細を申し述べれば[この島は]竹嶋の方角に
　　ある島で、朝鮮国の[領域内にある]蔚陵嶋と言う島のことです。
　　もしや[この島が、日本で言う]竹嶋のことを指し、彼の国では
　　[竹嶋のことを]蔚陵嶋と言うのかもしれません。[事実かどうか
　　は不明で、何とも]心もと無いことであります。

1. 울릉도라는 섬이 반한에 기록되어 있기 때문에 [이쪽은] 이상하
　　게 생각하고 있습니다. 그 이유를 말하자면 [이 섬은] 죽도 방각
　　에 있는 섬으로, 조선국의 [영역 안에 있는] 울릉도라고 하는 섬
　　을 말합니다. 만일 [이 섬이 일본에서 말하는] 죽도를 가리키고,
　　그 나라에서는 [죽도를] 울릉도라고 말하는지도 모릅니다. [사실
　　이 어떤지는 불명하여 어쩐지] 불안합니다.

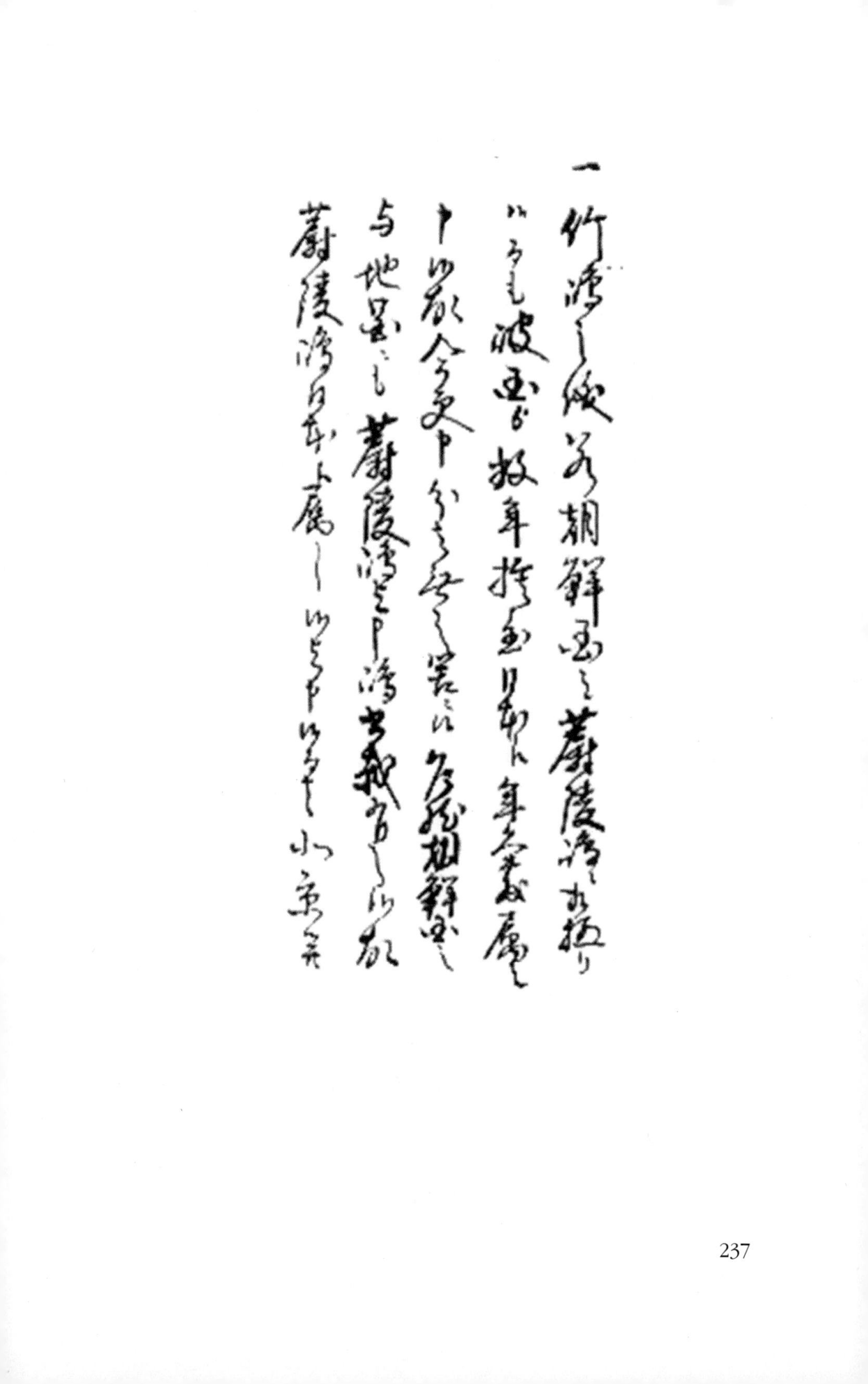

一、竹嶋ハ磯竹嶋共申朝鮮之鬱陵嶋ニ而取

いつも波荒く数年撰之画より切取年々致候得

与地図ニも鬱陵嶋と一嶋ニ書載有之此鬱陵嶋

鬱陵嶋より上ミ一ツ上より小嶋之儀

一 竹嶋之儀若朝鮮国之蔚陵嶋ニ相極り候而も彼国より数年捨置日本江
　　年久敷属シ申候故今更申分者無之筈ニ候乍然朝鮮国之興地図ニも
　　蔚陵嶋与申嶋書載有之候故蔚陵嶋日本江属し候与申候而者北京并

一 竹嶋のことに就いて言えば、たとえ朝鮮国の蔚陵嶋であるという
　　ことに決定したとしても[この島は]彼の国では数十年来、捨て置
　　いて来た島であります。日本に年久しく属していた島であります
　　から、今更[朝鮮国が自分たちの島だと]主張できる筈はありませ
　　ん。然しながら朝鮮国の興地図に、この蔚陵嶋と言う島のことが
　　書き載せてあります。それゆえこの蔚陵嶋が日本へ属したとなっ
　　ては、北京政府ならびに

1. 죽도에 대해 말하자면, 가령 조선국의 울릉도라는 것으로 결정
　 했다 해도 [이 섬은] 그 나라에서 수십 년 동안 버려두었던 섬입
　 니다. 일본에 오랫동안 속해 있던 섬이므로, 새삼스럽게 [조선국
　 이 자기들의 섬이라고] 주장할 수가 없습니다. 그러나 조선국의
　 여지도에 이 울릉도라는 섬에 관한 일이 기재되어 있습니다. 그
　 렇기 때문에 이 울릉도가 일본에 속했다는 것이 되면, 북경정부
　 및

朝鮮国中之外聞も如何候故嶋者遠方与申小嶋ニ而捨置候故日本江属し
候而も不苦候得共名斗成共残候為与存我国之蔚陵嶋与申事返簡ニ書込
申候哉与推察仕候

朝鮮国中で、外聞が悪く、果たしてどうしたものかと思案しているよ
うでございます。島は遠方で、かつ小嶋ゆえに[これまで]捨て置いて来
たものです。そのため日本へ属しても、どうということも無い島では
あるのですが[外聞を憚り]名ばかり成りとも残して置きたいと、そのよ
うに考えているようです。それゆえ[右に述べた]我が国の蔚陵嶋と[そ
のような文言を]返翰の中に書き込んだものと推察いたします。

조선국 내에서, 세간의 평가가 나빠, 과연 어찌 될 것인가라고 걱정하
고 있는 것 같습니다. 섬은 원방에 있고 또 소도이기 때문에 [지금까
지] 버려두었던 것입니다. 그래서 일본에 속해도, 아무렇지도 않은 섬
이기는 하지만 [세간의 평을 생각하여] 이름만이라도 남겨두고 싶다
고, 그렇게 생각하고 있는 것 같습니다. 그렇기 때문에 [위에서 말한]
우리나라의 울릉도라고 [그러한 문언을] 반한 속에 기입한 것이라고
추찰하고 있습니다.

一 若右之推量之通ニ而返簡ニ書込有之以来書面斗を見候而者竹嶋与蔚
　　陵嶋ハ二嶋之様ニ相見へ申候付若竹嶋江又々朝鮮人罷越此方より御
　　咎も御座候節日本之竹嶋与ハ不存我国之蔚陵嶋ニ而御座候故

一 もし右の推量の通りの理由で、返翰に書き込んだとすれば、この
　　持ち渡って来た書面[の文字]ばかりを見ていては[事の真相は不明
　　のままでございます。これでは]竹嶋と蔚陵嶋とは、まるで[異
　　なった]二島の様に見えてきます。[それゆえ解決には成りませ
　　ん。]もし竹嶋へ又々朝鮮人が罷り越し、こちらから御咎めなどが
　　ある場合[ここで混乱が生じます。つまり]日本の竹嶋とは思わ
　　ず、我が国の蔚陵嶋であると思い、

1. 만일 위에서 추량한 것과 같은 이유로, 반한에 기입했다고 하면,
　　가지고 건너왔다는 서면[의 문자]만을 보고 있으면 [일의 진상은
　　불명 그대로입니다. 이래서는] 죽도와 울릉도는, 마치 [다른] 2도
　　처럼 보입니다. [그렇기 때문에 해결되지 못합니다.] 만일 죽도
　　에 또 조선인이 넘어와, 우리 쪽에서 문책 등을 했을 경우, [여기
　　서 혼란이 생깁니다. 즉] 일본의 죽도라고 생각하지 않고, 우리
　　나라의 울릉도라고 생각하고,

七月十三日　　　　宗對馬守

右林伊右衛門書判相渡

罷渡候なとゝ返答仕候而者已来出入絶申間敷与存候依之此度紛敷無
之様に相極置可申与存様子尋ニ遣申候彼方之返答之趣ニより重而得御
内意申儀も可有御座候以上

　　　七月廿一日　　　　　　　　　　　　　　　宗対馬守

　　　右料紙肌吉半切ニ相認

島に渡ったのだと、そのように返答され[彼の者どもに罪を問えなく
なって]しまいます。すると将来に亘り[両国民が、ここに]出入りす
ることになり[結局、紛争の]絶えることは無いでしょう。このような
ことでありますから、この度は、紛らわしく無い様に[島の所属を]も
う決め置いておくことが必要です。あちらに様子を尋ねるため、使
者を派遣しておりますので、その返答の結果によっては、再度の御
内意を伺い、御指示を承る所存です。以上。

　　　七月二十一日　　　　　　　　　　　　　　宗対馬守

　　　右の料紙の紙肌は良質であるので、半切にして文をしたためた
(註１)。

섬에 건넌 것이다라고, 그렇게 반답하면 [그들의 죄를 물을 수 없게
되고] 맙니다. 그렇게 되면 장래에 계속해서 [양국민이, 이곳에] 출입
하는 일이 되어 [결국 분쟁이] 그치는 일이 없게 되겠지요. 이러한 일
이므로, 이번에는 혼동하지 않도록 [섬의 소속을] 정해 두는 일이 필
요합니다. 저쪽에 상황을 묻기 위해 사자를 파견해 두고 있으므로, 그

반답의 결과에 따라서는, 다시 뜻을 여쭙고 지시를 받으려고 생각합
니다. 이상.

　7월 21일　　　　　　　　　　　　소우 쓰시마노카미

　위의 료지(료우시: 기록용의 종이)의 질은 양질이기 때문에, 반절
(한세쓰: 356mm×432mm)로 해서 문을 기록했다.

　註1、良質の料紙に半切で記したもので、正式な公儀への報告書
である。宗対馬守(宗義倫)から老中の阿部豊後守(阿部正武)へ、第一
次交渉の経過と、現時点での状況を示す報告書である。

　양질의 종이 반절에 기록한 것으로, 정식으로 장군에게 바치는 보
고서이다. 쓰시마노카미(소우 요시쓰구)가 노중 아베 분고노카미(아
베 마사타케)에게 제1차 교섭의 경과와, 현시점의 상황을 설명하는
보고서이다.

【참고자료】

　갑술옥사(甲戌獄事)

　1694(숙종 20)년 숙종의 폐비(廃妃) 민씨(閔氏) 복위운동을 둘러싸
고 소론이 남인을 몰락시킨 사건. 숙종이 폐비사건을 후회하고 이에
앞장섰던 남인에 대해 반감을 지니고 있었는데, 1694년 노론계의 김
춘택(金春沢)과 소론계의 한중혁(韓重爀) 등이 폐비 민씨의 복위운동
을 전개하였다. 서인을 대상으로 필요한 기금을 모금하는 과정에서
처음에는 주로 노론이 가담하였으나 점차 소론측의 찬동자도 많아졌
다. 이 소식에 접한 남인 민암(閔黯)과 이의징(李義徵) 등은 1689년
기사환국(己巳換局)을 통해 집권한 남인의 세력을 공고히 하고 반대
파의 세력을 일제히 타도하기 위하여 1694년 3월에 김춘택 등 수십
명을 체포한 후 국문을 시작하였다. 그러나 숙종은 민비를 두둔한 나
머지 국문을 주도한 남인의 행동을 미워하여 국문을 주관한 민암과
판의금부사 유명현(柳命賢) 등을 귀양보냈다. 당시 민씨 복위운동을

주도했던 서인들은 기사환국 이래 왕의 총애를 받고 있던 숙빈 최씨(淑嬪崔氏)와의 연결을 통해 궁중과의 연결을 도모하였고, 이를 매개로 왕비 장씨와 남인계의 잘못된 점을 숙종에게 알리는 데 주력하였다. 결국 이 사건을 계기로 숙종은 남인을 배척하고 남구만(南九万)을 영의정, 박세채(朴世采)를 좌의정, 윤지완(尹趾完)을 우의정에 기용함으로써 소론 정권을 성립시켰다. 숙종은 기사환국 때 왕비가 되었던 장씨를 희빈(禧嬪)으로 복귀시키는 한편 노론계 민유중의 딸인 인현황후 민씨를 6년 만에 복귀시켜 궁중으로 들어오도록 하였다. 한편 송시열(宋時烈) · 김익훈(金益勳) · 조사석(趙師錫) · 김수항(金壽恒) · 민정중(閔鼎重) 등 1689년에 화를 당하였던 노론계 인물들에게 다시 작위를 주었다. 반면 남인측은 민암 · 이의징 등이 사약을 받았고 권대운(權大運) · 목내선(睦来善) · 김덕원(金德遠) 등이 유배당하였다. 그 뒤 남인은 다시는 정권을 잡을 수 없었다. 이후 정계에서는 서인 내부의 소론과 노론과의 쟁론(爭論)이 시작되었다. 중앙정치의 주도권을 놓고 치열한 다툼을 벌인 환국 과정에서는 전 단계의 붕당정치에서 보이던 여러 정치집단 사이의 상호 비판과 그 바탕 위에서 유지되는 균형은 찾아보기 어렵게 되었다. 결국 승리한 집단이 주축이 되어 주요 행정체계와 밀접하게 연결된 관료직을 독점하며 우위를 다져갔고, 주요 병권을 장악하는 일이 많았다. 가령 1694년 당시 훈련도감과 어영청의 양대장에 신여철(申汝哲) · 윤지완 등 소론계를 등용시켜 소론 정권을 공고히 뒷받침하였던 것은 대표적인 사례이다(야후백과사전).

○同七年八月九日

【大綱二一段（元祿七年八月①）】

(21-00)

○ 同七年八月九日与左衛門一行茶礼設行接慰官東莱府使被罷出於
大庁対面御書簡渡之最前之返簡蔚陵嶋之文字被差除候様ニ与之
論談往復在之也

【大綱二一段（元禄七年八月①）】

(21-00)

○ 元禄七年八月九日、与左衛門の一行に、茶礼の儀式が設行され
た。接慰官ならびに東莱府使の来訪があり、大庁に於いて対面
した。そして正官から[接慰官へ]御書簡を渡し、最前の返翰も
返し、蔚陵嶋の文字が差し除かれる様にと[そのように正官か
ら]論談があった。またそれについて[接慰官からの応答があ
り、互いに]議論の往復があった。

【대강 21단（겐로쿠 7년 8월①）】

(21-00)

○ 겐로쿠 7년 8월 9일에 요자에몬 일행에게 차례의식이 베풀어졌
다. 접위관 및 동래부사가 래방하여 대청에서 대면했다. 그리
고 정관이 [접위관에게] 서간을 건네고, 최전의 반한도 돌려주
고, 울릉도라는 문자가 삭제될 수 있도록 해 달라고 [그렇게 정

관이] 이야기했다. 또 그것에 대해 [접위관이 응답하며 상호 간
에] 논담을 주고받았다.

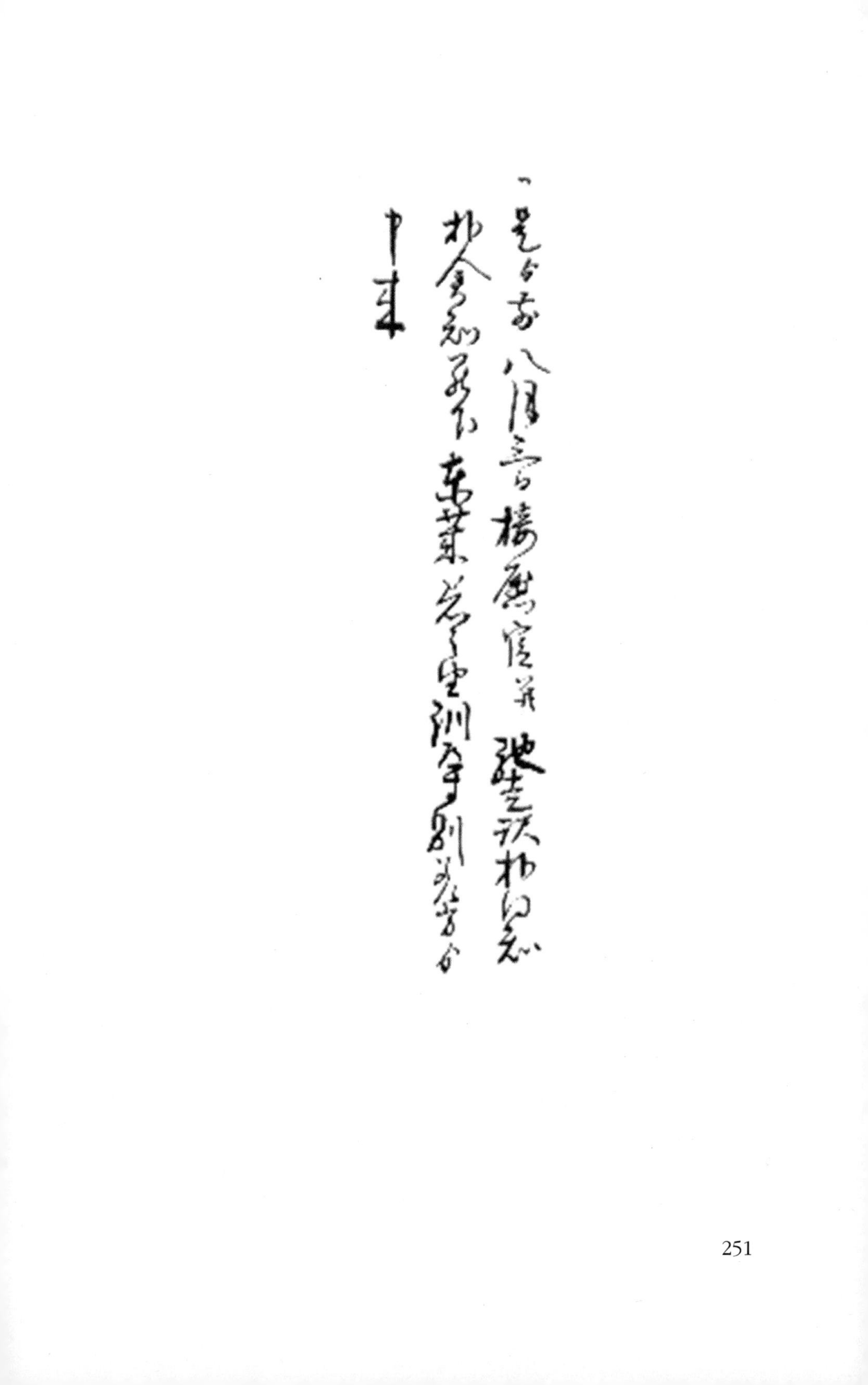

(21-01)

- 是より前八月三日接慰官^幷馳走訳朴同知朴僉知罷下東莱着之由訓
  導別差方より申来

(21-01)

- 是より前、八月三日のことである。接慰官ならびに馳走訳の朴
  同知と朴僉知とが、都から罷り下り、東莱に到着したと[そのよ
  うな情報を]訓導と別差が伝えてきた。

(21-01)

- 이보다 전인 8월 3일의 일이다. 접위관 및 치주역 박동지와 박첨
  지가 도성에서 내려와, 동래에 도착했다고 [그와 같은 정보를]
  훈도와 별차가 전해 주었다.

(21-02)

• 接慰官姓名与左衛門記録ニも不相見候故闕之

(21-02)

• 接慰官の姓名^(註1)は、与左衛門の記録に無い。それゆえ、この記載を欠く。

(21-02)

• 접위관의 성명은 요자에몬의 기록에 없다. 그래서 이 기재를 뺀다.

【참고자료】

접위관

숙종 19(1693)년 11월 2일에 부산왜관에 도착한 쓰시마 타다 요자에몬과 대담하기 위해 12월 7일에 동래부에 도착한 접위관은 홍중하였다. 그는 일본과의 성신의 교류를 존중한다며, 양도받은 안용복을 심문도 하지 않고, 쓰시마가 건네준 조서에 의거하여 처벌할 것을 언명했다. 10월 10일에 안용복과 박어둔을 양도받아 구속했다.

조선이 건넨 반답에 [귀계죽도]와 [폐방울릉도]라는 표현이 같이 존재하는 것에 불만을 가진 쓰시마는 반한에서 [조선의 울릉도]라는 표기를 삭제해 줄 것을 요구하며, 다시 타다 요자에몬을 사자로 삼아 부산으로 파견했다. 이 사자를 상대하는 접위관으로 명받은 이가 유집일로, 그는 숙종 20(1694)년 8월에서 9월 사이에 동래부로 내려갔다. 그리고 안용복과 박어둔을 만나, 두 사람이 제공하는 정보를 가지고 회담에 임했다.

홍중하(洪重夏)

1658(효종 9)년~1716(숙종 42)년

본관은 풍산(豊山)이고 자는 천서(天叙), 호는 두담(杜潭)이다. 숙종 때 도승지를 지낸 만종(万鍾)의 아들이다. 1686(숙종 12)년 춘당대문과에 병과로 급제하였다. 에문관검열 사간원 정언 사헌부 지평 세자시강원보덕 등을 거쳐 승지·전라도관찰사·강원도관찰사·충청도관찰사·형조참의 등을 역임하였다. 1694년 교리로 접위관(接慰官)이 되어 동래부(東莱府)에 내려가 쓰시마의 사신 타치바나 마사시게(橘

真重)를 접견했을 때, 울릉도를 죽도라며 일본의 영토라고 주장하는 일본 사신을 접대했다.

1679(숙종 5)년 생원시에 합격하고 1686년 춘당대시(春塘台試)에 병과로 급제한 뒤 1688년 검열이 되고, 1691년에 정언·지평, 1693년 부수찬·부교리·헌납 등을 지냈다. 1697년 보덕·필선, 1704년 사간·보덕·집의·승지 등을 거쳐 1706년 전라도관찰사로 나갔다. 1709년 다시 승지를 지내다가 강원도관찰사를 거쳐 이듬해 충청도관찰사가 되었다. 충청도관찰사를 역임하며 태안방어사(泰安防禦使)를 혁파하고, 안흥진(安興鎭)을 승격시켜 방어사로 하고 항금진(杭金鎭)을 평신(平薪)으로 옮기어 호칭을 평신첨사(平薪僉使)로 고쳤다. 1711년 형조참의가 된 후 정시(庭試)의 고관(考官)이 되었다가 과거시험의 부정 사건에 연루되어 교체되었다. 1715년 다시 승지가 되었으며 1716(숙종 42)년 강원도관찰사로 나아갔다가 임지에서 사망하였다.

유집일(俞集一)

1653(효종 4)년~1724(경종 4)년, 조선의 문신. 자는 대숙(大叔), 현감(県監) 근(瑾)의 아들. 1680(숙종 6)년 진사(進士)로서 정시문과(庭試文科)에 병과(内科)로 급제, 지평(持平)·장령(掌令)을 거쳐 1694년 위접관(慰接官)으로 동래부에 가서 쓰시마의 사자 타다 요자에몬을 접대했고 1696년 승지(承旨), 그 후 부사직(副司直)·경상도 관찰사·황해도 관찰사·대사간 등을 거쳐 1705년 예조 참판(礼曹参判)이 되었다. 1718년 형조판서, 이듬해 공조판서를 지내고 1720년 숙종이 죽자 산릉도감 제조(山陵都監提調)를 지내고 기로소(耆老所)에 들어갔다.

(21-03)

- 八月四日朴同知朴僉知裁判高勢八右衛門方迄入来ニ付都船主并裁
  判より茶礼之儀明後日ニ相極可申候旧冬茂茶礼之節平座候而御用
  向申談候此度も弥右之通接慰官江可申達置旨申達候所両訳官返答
  ニ今度之儀御用大切ニ御座候付早速茶礼被相調候事如何ニ候今晩
  者夜も更申候間明日可致入館候内々御咄申度儀御座候条疾与申
  談其上ニ而茶礼日限被相済候へと申候而罷帰候

(21-03)

- 八月四日には、朴同知と朴僉知とが、裁判の高勢八右衛門方ま
  でやって来た。都船主ならびに裁判から、茶礼の儀式について
  [その日取りを]明後日ということに決定したいと[あちらへ]申し
  伝えた。昨年の冬には、茶礼の節、平座になって御用向きにつ
  いてを論談した。この度も右の通り[に行いたい。それを]接慰官
  にお伝え下さるよう[両訳官へ]申し伝えた。すると両訳官の返答
  は、今度のことは御用向きが大変なことなので[諸事情があり]早
  速に茶礼を調えることは[果たして]いかがなものでしょうか[と
  言ってきた。]今晩は、もう夜も更けたので、明日また入館致し
  ます。そこで内々に、また御話しを致しましょう。まだ色々と
  打ち合わせたいこともあります。[御用向きについて、その]筋道
  を、しっかりと語り合い、その上で茶礼の日取りを決定するこ
  とに致しましょう。こう言って帰っていった。

(21-03)

• 8월 4일에는 박동지와 박첨지가 재판 타카세 하치에몬 쪽까지 왔다. 도선주 및 재판이 차례 의식에 대해 [그 날짜를] 모레(6일)로 것을 결정하고 싶다고 [저쪽에] 전달했다. 작년 겨울에는 차례를 지낼 때, 평좌하여 용건을 논담했다. 이번에도 위와 갑[이 행하고 싶다. 그것을] 접위관에게 전해 주실 것을 [양역관에게] 전했다. 그러자 양역관의 반답은, 이번의 일은 용건이 큰일이기 때문에 [제 사정이 있어] 서둘러 차례를 준비한다는 것은 [과연] 어떤 일일까요[라고 말해 왔다.] 오늘밤은 이미 밤도 깊었기 때문에, 내일(5일) 다시 입관하겠습니다. 그때 은밀하게 다시 이야기하기로 하지요. 또 여러 가지를 상의하고 싶은 일도 있습니다. [용건에 대해서, 그] 내용을 충분히 이야기하고, 그런 다음에 차례의 날짜를 결정하는 것으로 합시다. 이렇게 말하고 돌아갔다.

(21-04)

・同五日朴同知朴僉知都船主番柳左衛門方ニ罷出候ニ付都船主柳左
衛門裁判八右衛門

(21-04)

・八月五日、朴同知と朴僉知が、都船主の番柳左衛門方にやって
きた。都船主の柳左衛門と裁判の八右衛門が

(21-04)

・8월 5일에 박동지와 박첨지가 도선주 반 야나기자에몬 쪽에 왔
다. 도선주 야나기자에몬과 재판 하치에몬이

同座ニ而対面之所両馳走訳申候ハ今度茶礼可被相調与之儀御尤存候得
共即時ニ難成様子御座候子細者今度又々御使者被差渡候付当春之返答
壱嶋二名ニ思召候儀勘文与相聞へ候之処其旨御書簡ニ見江不申唯蔚陵嶋
之文字除候様ニ与斗之御書面ニ御座候へハ当春於御国訳官共ニ被仰含候
御口上与相違仕候訳官共ニ被仰含候通ニ候へハ成程御返答之申様も有
之候得共唯今之御書簡

同座し、彼らと対談した。両馳走訳が申すには、今度[正官の御到来
がありましたから]茶礼が調えられるべきことは尤でございます。で
すが即時の設行は成り難いという事情がございます。その子細につ
いて[申し述べれば]この度、又々御使者が差し渡された理由にありま
す。当春[対馬からの]返答において[朝鮮からの返翰を]一島を二つの
名に[意図的に]勘案して記した文であると、そのような声が聞こえて
参りました。だが、そのような趣旨の内容が[この度の]御書簡には無
く、ただ蔚陵嶋の文字を除く様にとばかりの[漠然とした]御書面でご
ざいました。これは当春、御国に於いて[こちらが派遣した]訳官ども
にお話し下さった[一島二名のゆえに異議があるとする]御口上と相違
いたします。訳官共にお話し下さった通りであれば、成る程と御返
答の申し様も有るのですが、今回の御書簡

동좌하여 그들과 대담했다. 양 치주역이 말하기를, 이번에 [정관이 도
래하였으므로] 차례를 준비하는 것은 당연한 일입니다. 그러나 즉시
설행하기 어려운 사정이 있습니다. 그 자세한 것을 [이야기하자면] 이
번에, 다시 사자가 건너온 이유에 있습니다. 금년 봄에 [쓰시마의] 반

답에 [조선의 반한이] 하나의 섬에 두 개의 이름으로 [의도적으로] 감
안하여 기록한 문장이라고, 그러한 소리가 들려왔습니다. 그러나 그
러한 취지의 내용이 [이번의] 서간에는 없고, 그저 울릉도라는 문자를
삭제하도록 하라는 것만을 요구하는 [막연한] 서면이었습니다. 이것
은 올봄에 귀국에 [이쪽에서 파견한] 역관들에게 말해 주셨던 [1도 2
명이기 때문에 이의가 있다고 하는] 구상과 상위합니다. 역관들에게
말해 주셨던 대로라면, 어느 정도 반답할 수 있는 면도 있습니다만,
이번의 서간

にてハ聞へかたく御返答之申様も無御座事ニ候左様之御書簡請申儀難
成旨接慰官江朝廷方被申含候御使者中戻り被成候歟無左候ハ、御書簡
斗被遣壱嶋二名ニ思召候段之御書載可被成候左候者委細御返答可被申
候其内者いつまて成共接慰官相待可被申候御馳走ニ罷下候上者茶礼可
被成与御座候ハ、いなとハ被申間敷候間御勝手次第可

では[そのことについては触れておられません。漠然としていて、御
趣旨の内容も分からないので、そのまま]お聞きするわけには参りま
せん。それゆえ御返答の申し上げ様もございません。そのような御書
簡では、請け取るわけにも参らず、交渉は成り難いとの趣旨が、接慰
官に対し、朝廷方から申し含められております。御使者は一旦、中戻
り成され[御国の交渉方針について、今一度、御国の老職の方々と御
相談なされて]は如何でしょう。そうで無ければ[今回は]御書簡だけを
差し出されては[如何でしょう。もしも返答を御希望であれば]一島二
名であるとお考えになられたことを[その御書簡の中に]御書き載せに
成るべきでございます。そうであれば、委細を御返答いたします。
[中戻りなさるか、一島二名と記すか]そのいずれかであれば、いつま
でなりとも、接慰官は御待ち申すとのことでございます。[朴同知も
朴僉知も]御馳走役として罷り下っている以上、茶礼の儀式を執り行
うべきとあれば、否とは申しません。御都合が付き次第、

에서는 [그 일에 대해서는 언급하고 있지 않습니다. 막연하게 하고
있어, 취지의 내용도 알 수 없기 때문에 그대로] 받아들일 수는 없습
니다. 그렇기 때문에 반답을 할 수도 없습니다. 그와 같은 서간은, 반

을 수도 없고, 교섭은 이루어지기 어렵다고 하는 취지의, 조정 지시가 접위관에게 내려졌습니다. 사자는 일단 돌아가서 [귀국의 교섭 방침에 대해, 다시 한번, 귀국의 노직분들과 상담하]면 어떠할까요. 그렇지 않으면 [이번에는] 서간만을 제출하면 [어떨까요. 혹시라도 반답을 희망하신다면] 1도 2명이라고 생각하시는 것을 [그 서간 중에] 기재해야 합니다. 그러면 자세한 것을 반답하겠습니다. [일단 돌아가시거나, 1도 2명이라고 기록하거나] 하는 그 어느 쪽이라면, 언제까지라도, 접위관은 기다린다는 것입니다. [박동지도 박첨지도] 어치주역으로 내려온 이상, 차례의 의식을 집행해야 하기 때문에, 안 된다고는 말할 수 없습니다. 상황이 정리되는 대로

相調候乍然御書簡者難請取由接慰官被申候ケ様之内証御座候付御内
意不申入茶礼之場ニ而御書簡請取間敷与被申候者不首尾成儀ニ候故早
速難相調旨申ニ付八右衛門柳左衛門返答ニ無十方儀を申聞候左様ニ申候
与而書簡持戻り可被申候又差返シ認直シ可被申歟不慮之儀申出候な
とゝ挨拶候時左候ハ、口上ニ而者申違も有之物ニ候ヘハ口上書被成御
出し被成候ハ、夫ニ而者請取

相調えるように致します。然しながら[このままの内容では漠然とし
ていて]御書簡の請け取りはできません。そのように接慰官は申して
おりました。このような話は、内証の話でございますので、この御
内意を申し入れぬまま、茶礼の場で御書簡を請け取れないと、お話
し申し上げては[当日]不首尾の儀礼に成ってしまいます。それゆえ
[こうして予め、お話しを申しているのです。これが茶礼を]早速にも
調えることができかねる[本当の]理由です。このように申すので八右
衛門も柳左衛門も、この返答に対し、とほうも無いことを聞いてし
まったと感じた。そのように申したからといって[今回、持ち渡った]
書簡を[そのまま]持ち帰るわけにもいかない。又差し返し、したため
直してはと[あちらの側は]申し入れをして来たが、そのようなことは
不慮の場合に申し出るものなので[今回の場合は、果たして如何なも
のか。言葉を添えて説明するだけではいけないのか]などと返事をし
ていた。その時[あちらの側は]そうであるなら、口上では申し違いも
有ることであるから[改めて一島二名のことを]口上書にして御出し下
さい。それならば受け取る

준비하도록 하겠습니다. 그러나 [이대로의 내용으로는 막연하여] 서간을 수취할 수 없습니다. 그렇게 접위관이 말하고 있습니다. 이러한 이야기는 비밀스런 이야기이기 때문에, 이 내적인 이야기를 하지 않은 체, 차례의 장에서 서간을 받을 수 없다고 말씀드리게 되면, [당일] 좋지 않은 의례가 되고 맙니다. 그렇기 때문에 [이렇게 미리, 말씀드리고 있는 것입니다. 이것이 차례를] 서둘러 준비하는 일이 어려운 [진짜] 이유입니다. 이렇게 말하기 때문에 하치에몬도 야나기자에몬도, 이 반답에 대해, 터무니 없는 말을 듣고 말았다고 느꼈다. 그렇게 말했다 해서 [이번에 가지고 온] 서간을 [그대로] 가지고 돌아갈 수도 없다. 또 돌려보내서, 다시 기록하면 어떨까라고 [저쪽이] 요구하여 왔으나, 그러한 일은 불의에 나온 것이기 때문에 [이번의 경우에는, 과연 어떠한 것일까. 말을 첨가하여 설명하는 것만으로는 안 되는 것일까] 등으로 답하고 있었다. 그때 [저쪽은] 그렇게 하면, 구상으로는 오류도 있을 수 있으므로 [다시 1도 2명의 일을] 구상서로 해서 제출해 주세요. 그러면 받는

被申儀も可有御座哉と返答申候通八右衛門柳左衛門両人与左衛門方江
参り申聞候故返事ニ申遣候者書面聞へかたく候間如何様ニ認候へ使者
中戻候へなとゝ申儀珍敷儀を承候其上口上書ニ而者請取被申儀も可有
之哉抔与申儀猶以難心得候縦朝廷方被仰候とて持渡候書簡可取帰哉
又口上者申違も有之与申候ハ使者口上者証拠ニ不罷成候哉口上無益之
物ニ候ハヽ口上書にて下々江

ことも有り得ます、との返答があった。その通りのことを、八右衛
門と柳左衛門の両人は、与左衛門方へ参り、申し伝えた。そこで[与
左衛門が、このことに対する]返事を申し遣わした。今回の[対馬から
の]書面については承服できないとの事である。それゆえ、どのよう
にか、したため直すようにとの事[を申して来た。]また使者は中戻り
して[今一度、国元と相談すべき]事など[を、こちらに申し入れて来
た。さてさて]珍奇な事を承ってきたものである。その上[さらに]口
上書[を添えて提出するの]であれば、これを請け取ることも有り得る
などと申して来た。この事は、猶以て[こちらにとって]承服できない
ことである。たとえ朝廷方が仰せられたこととは言え[正式に]持ち
渡って来た書簡を[渡す前に、もう変更するよう要求するだろうか。
あるいは]持ち帰るように要求するだろうか。[何と言う事であろ
う。]また口上では申し違いも有るなどと申すからには、使者の口上
は[当てにならない]証拠に成らないということであろう。[これまた
何と言う事であろう。もしそうなら]口上であれば無益の物であるこ
とになり[使者など不要ということになろう。使者がいなければ]口上
書として下々にて

일도 있을 수 있습니다, 라는 반답이 있었다. 내용 그대로를, 하치에몬과 야나기자에몬 두 사람은, 요자에몬 쪽에 가서 전했다. 그러자 [요자에몬이 이 일에 대한] 답을 보냈다. 이번에 [쓰시마에서 보낸] 서면에 대해서 승복할 수 없다는 것이다. 그렇기 때문에 어떻게든 다시 기록하도록 하라는 것[을 말해 왔다.] 또 사자는 일단 돌아가 [다시 한 번 쿠니모토와 상담해야 한다는] 것 등[을, 우리 쪽에 말했다. 참으로] 진기한 말을 듣고 온 것이다. 그 위에 [또] 구상서[를 첨부하여 제출하]게 되면, 이것을 받는 일도 있을 수 있다는 것 등을 말해 왔다. 이 일은 오히려 [우리들이] 승복할 수 없는 일이다. 비록 조정이 명하신 일이라고는 하나 [정식으로] 가지고 건너온 서간을 [건네기 전에, 어떻게 변경할 것을 요구할 수 있는 일인가. 그렇지 않으면] 가지고 돌아갈 것을 요구할 수 있는가. [어찌된 일인가.] 또 구상으로는 오류가 있을 수 있다는 등으로 말하는 것은, 사자의 구상은 [믿을 수 없어] 증거가 되지 않는다는 것일 것이다. [이것은 또 어찌 된 일인가요. 만일 그렇다면] 구상이라면 쓸모없는 것이 되어 [사자 따위는 필요없다는 것이 될 것이다. 사자가 없으면] 구상서로 해서 아랫사람들에게,

為持差越候而も可相済候朝鮮ニ者無之事ニ候哉書面ニ難書述儀を口上ニ
申遣事ニ候因茲又々使者被差渡候相談を以口上書ニ而者可被請取抔与
繕候様成事ニ而者決而不相済候今度之儀者接慰官与申談候而も相済儀
ニ而無之候急度茶礼相調口上之趣具ニ被聞届委細注進有之而都より否
之御返答承迄ニ候相談ニ而相済儀ニ候ハ丶今日ニ茂両人江対面候而可

取り扱わせるから、差し出させ、それを受け取っても[使者がいない
から、返答の必要は無く]それだけで済む[ということなのであろ
う。]朝鮮にとっては[結局]何も問題は無い事になる。[そもそも使者
派遣とは]書面に書き述べ難い[微妙な]ことを[わざわざ使者を派遣
し、その]口上によって申し遣わす事なのである。こういうことであ
るから、又々、使者を差し渡されることに相成ったのである。それ
を[拒否し]相談をするなら口上書を以て[提出すれば]請け取るなどと
言う。この問題は、そのように[単に文書だけによって]繕い置くよう
なことでは決して済まない問題である。今度のことは、接慰官と申
し語らっただけの[窓口での]処理で済むことでは無い。しっかりと茶
礼を調え、その上で口上の趣旨を、具に聞き届けられ、その委細を
[都に確実に]注進していただかなければならない。[そのようにし
て、正しく伝えられた上で、正しく判断を下していただかなくては
ならないものである。そうであれば、その結果は如何様のもので
あってもかまわない。その場合]都から否の御返答を承る迄のことで
ある。[そのような伝達の手続きは]相談で済むことであるから、今日
にも両人と対面し、

취급하게 하므로, 제출하게 하여, 그것을 수취해도 [사자가 없으므로, 반답할 필요가 없어] 그것으로 끝난[다고 하는 것일 것이다.] 조선에게는 [결국] 아무런 문제도 없는 것이 된다. [원래 사자의 파견이란] 서면에 기록하여 설명하기 어려운 [미묘한] 일을 [일부러 사자를 파견하여, 그] 구상으로 설명하게 하는 것이다. 이러한 일이므로, 또다시, 사자를 파견하게 된 것이다. 그것을 [거부하며] 상담하려면, 구상서를 [제출하면] 받는다는 식으로 말한다. 이 문제는 그렇게 [단순히 문서만으로] 처리해 두는 것과 같은 일로는 쉽게 끝나지 않을 문제이다. 이번의 일은 접위관과 이야기하는 것만으로 끝나는 [창구의] 처리로 끝날 일이 아니다. 제대로 차례를 열고, 그리고 구상의 취지를 자세히 들으시고, 그 자세한 것을 [도성에 확실하게] 주진하여 주지 않으면 안 된다. [그렇게 해서 바르게 전해진 후에, 바르게 판단을 내려 주지 않으면 안 된다. 그렇게 하면, 그 결과가 어떠한 것이라 해도 상관없다. 그럴 경우] 도성에서 안 된다는 답을 받으면 된다. [그와 같은 전달의 수속은] 상담하여 해결할 수 있는 일이므로, 오늘이라도 두 사람과 대면하여,

申談儀ニ候得共何角も不入壱途ニ朝廷方御返答承儀ニ候へハ下ニ而兎角
申合候程御用ニ茂障判事何茂之為不宜候了簡なとゝ申儀必無用ニ仕急
度明後七日茶礼相調候之様接慰官ニ可申達旨両判事ﾆ返答之趣両人よ
り申渡候処具ニ承候間先今晩東莱ﾆ罷越接慰官ﾆ申達明日致入館可申入
由ニ而罷帰

語り合って[決定すべきである。だが、そのような話しの進め方で
は、手続き論ばかりが語られ、本来の議論から遠ざかってしまう。
使者の役目としては]何かと[雑音などが]入らず、ただ一途に、朝廷
方から御返答を承ることであるから、下僚の間で兎角の申し合いを
する程[ますます本来の]御用に支障が出てくる。[馳走役の]判事など
[ここに関わる]いずれの者どもの為にも宜しくない。[間に立つ者た
ちの]取り計らいなどと言うものは、もう無用にして、しっかりと明
後日の七日に茶礼の儀を調え、設行できるよう接慰官に申し伝えて
欲しい。このような趣旨のことを両判事へ返答の形で[八右衛門と柳
左衛門の]両人から申し渡した。すると十分に了解いたしましたと返
事があり、先ずは今晩、東莱府へ罷り越し、接慰官へこの事を報告
致します。その上で明日、再び和館へ入館致し[この事の首尾を]申し
上げることに致します。そのように言って帰っていった。

상의하여 [결정해야 한다. 그러나 그러한 이야기를 진행시키는 방법
에서는, 수속론만 이야기되어, 본래의 논의에서 멀어지고 만다. 사자
의 역할로서는] 무엇인가 [잡음 등이] 들어가지 않게 그저 한번에, 조
정 쪽의 반답을 받는 일이므로, 하급관료 간에 이것저것을 이야기할

수록 [점점 본래의] 용건에 지장이 생긴다. [치주역의] 판사 등 [이것에 관계하는] 모든 분들을 위해서도 좋지 않다. [사이에 낀 자들이] 주선하는 활동 따위는 이미 필요없으니, 차분히 모래 7일에 차례의 의례를 정리하여 설행할 수 있도록 접위관에게 전해 주었으면 한다. 이러한 취지를 양 판사(박동지, 박첨지)에게 반답 형태로 [하치에몬과 야나기자에몬] 두 사람이 말로 전했다. 그러자 잘 알았다고 답하고, 우선 오늘밤, 동래부에 가서, 접위관에게 이 일을 보고하겠습니다. 그런 후에 내일 다시 화관에 입관하여 [이 일의 상황을] 말씀드리겠습니다. 그렇게 말하고 돌아갔다.

【참고자료】

남인과 서인

원록 7년, 즉 숙종 20년의 5월에 다시 타다 요자에몬이 교섭타결을 위해 조선으로 도해했다. 초량화관에 도착한 것은 윤 5월 13일이다. 어디까지나「폐경의 울릉도」라는 문자를 삭제시키려고, 다시 소우 요시쓰구(宗義倫)의 서간을 가지고 있었다. 또 이전에 수취했던 조선의 서간(제1차복서)도 가지고 있었다. 역시 받을 수 없다며 반각하기 위한 도해였다. 그것 때문에 상당한 각오를 가지고 도해했다. 이 정사(참판사) 파견과 더불어, 조선에서는 새로운 접위관으로 사헌부장령으로 정4품의 관직에 있는 유집일(兪集一)이 5월 25일에 임명되었다(『承政院日記』숙종 20년 5월 25일조). 이것으로 제2차 교섭이 구체적으로 시작된다. 그러나 새로운 소론파 정권은 남인파의 융화정책을 이미 파기하였다. 그러므로 당연히 타다의 요구를 거절한다. 사전교섭의 차원에서 역시 천천히 소모적인 교섭이 계속되었다. 그것도 교섭의 상대가 되는 접위관 자체가 좀처럼 부산에 내려오지 않았다. 그래서 더욱 집요하게 타다는 개찬서계(제1차 복서)를 요구했다.

그러는 사이에 부산부임을 뒤로 미루고 있던 접위관 유집일이 8월 3일에 동래부에 도착했다. 도착하자 서둘러 사건의 증인인 안용복한테 일련의 이야기를 들었다. 즉 다시 한 번 안용복과 박어둔을 취조했다. 소론파 정권은 이 사건(竹島一件＝蔚陵島爭界)을 동무의 환심을 사기 위해 쓰시마한이 일부러 일으킨 행위로 보고 있다. 그러한 쓰시마에 의한 외교상의 스탠드프레이를 그대로 허용할 수는 없다. 버려두었던 섬이지만 이번 기회에 완전히 조선령으로 선언하고, 실질적인 지배로 하지 않으면 안 된다. 그러기 위해서는 섬의 성상을 파악하고, 섬을 관리할 필요가 있다. 섬에 도항한 경험을 가진 안용복 일행의 증언은 이런 점에서 매우 유익했다.

민암(閔黯)

1636(인조 14)년~1693(숙종 19)년. 조선 후기의 문신. 본관은 여흥(驪興). 자는 장유(長孺), 호는 차호(叉湖). 이조참판 응협(応協)의 아들이다. 1668(현종 6)년 별시문과에 을과로 급제한 뒤 지평·승지·함경도관찰사를 역임하였다. 1679(숙종 5)년 산찰방(高山察訪) 조지겸(趙持謙)이 당시의 함경도관찰사인 이원록(李元禄)이 분수에 넘치게 역마(駅馬)를 탄다 하여 탄핵하였다. 그는 자기가 함경도관찰사 때의 그곳의 실정과 경험을 자세히 들어서 이원록은 아무런 잘못이 없다는 것을 극구 변명하여 도리어 탄핵한 조지겸을 문초받게 한 사실은 유명하다. 1678년 동지사 겸 변무부사(冬至使兼弁誣副使: 변무부사는 당시 명나라에서 인조반정에 대한 기록이 아주 잘못되었기 때문에 이것을 바로잡기 위해서 파견된 사신임.) 복평군(福平君) 연(㯙)과 함께 명나라에 갔다가 이듬해에 귀국하였다. 그 뒤 이조참판을 거쳐 1680년 대사헌으로 있다가 경신대출척으로 남인(南人)이 실각하자 파직되었다.

1682년 서인(西人) 김중하(金重夏)로부터 모반한다는 무고(誣告)를 받았으나 조사 뒤 무사하였다. 1689년의 기사환국으로 다시 대사헌에 기용되어서는 이조판서 심재(沈梓)와 함께 서인 김수항(金寿恒)·송시열(宋時烈)을 탄핵하여 그들의 처형에 대한 강경론을 주장하였다. 그는 이어 대제학·병조판서를 역임하였고, 1691년 우의정에 승진하였으며, 사은사(謝恩使)로 청나라에 다녀왔다. 1694년 김춘택(金春沢) 등이 숙종의 폐비인 민씨(閔氏)를 복위하는 음모가 있다는 고변(告変)이 있자 남인의 영수이던 그는 훈련대장 이의징(李義徵)과 함께 일대 옥사를 일으키고자 하였으나, 숙종은 갑자기 남인을 쫓아내고 서인을 등용하는 갑술옥사를 일으켰다.

그는 이 옥사 때 대정(大静)으로 위리안치(囲離安置)되었다가 영의정 남구만(南九万)의 탄핵으로 곧 이의징과 더불어 사사되었다(네이트한국학).

남구만(南九万)

1629(인조 7)년~1711(숙종 37)년. 조선 후기의 문신. 본관은 의령. 자는 운로(雲路), 호는 약천(薬泉) 또는 미재(美斎). 개국공신 재(在)의 후손으로 아버지는 현령 일성(一星)이다. 송준길(宋浚吉)의 문하에서 수학, 1651(효종 2)년 진사시에 합격하고, 1656년 별시문과에 을과로 급제하여 가주서 · 전적 · 사서 · 문학을 거쳐 이듬해 정언이 되었다. 1659년 홍문록에 오르고 바로 교리에 임명되었다. 1660년(현종 1) 이조정랑, 이어 집의 · 응교 · 사인 · 승지 · 대사간 · 이조참의 · 대사성을 거쳐, 1668년 안변부사 · 전라도관찰사를 역임하였다. 1662년에는 영남에 어사로 나가 진휼사업을 벌였다. 1674년 함경도관찰사로서 유학(儒学)을 진흥시키고 변경 수비를 튼튼히 하였다. 숙종초 대사성 · 형조판서를 거쳐 1679(숙종 5)년 좌윤이 되었으며, 같은 해 윤휴(尹鑴) · 허견(許堅) 등의 방자함을 탄핵하다가 남해(南海)로 유배되었다. 이듬해 경신대출척(庚申大黜陟)으로 남인이 실각하자 도승지 · 부제학 · 대사간 등을 역임하였으며, 1680년과 1683년 두 차례 대제학에

올랐다. 병조판서가 되어 폐한 사군(四郡)을 다시 설치할 것을 주장하여 무창(茂昌)·자성(慈城) 2군을 설치했으며, 군정(軍政)의 어지러움을 많이 개선하였다.

1684년에 우의정, 이듬해 좌의정, 1687년 영의정에 올랐다. 이즈음 송시열(宋時烈)의 훈척비호를 공격하는 소장파를 주도하여 소론(少論)의 영수로 지목되었다. 1689년 기사환국으로 남인이 득세하자 강릉에 유배되었다가 이듬해 풀려났다. 1694년 갑술옥사(甲戌獄事)로 다시 영의정에 기용되고, 1696년 영중추부사가 되었다. 1701년 희빈 장씨(禧嬪張氏)의 처벌에 대하여 중형을 주장하는 김춘택(金春沢)·한중혁(韓重爀) 등 노론의 주장에 맞서 경형(軽刑)을 주장하다가 숙종이 희빈 장씨의 사사를 결정하자 사직, 낙향하였다.

그 뒤 부처(付処)·파직 등 파란을 겪다가 다시 서용되었으나, 1707년 관직에서 물러나 봉조하(奉朝賀)가 되었다가 기로소에 들어갔다. 당시 정치 운영의 중심인물로서 정치·경제·형정·군정·인재등용·의례(儀礼) 등 국정전반에 걸쳐 경륜을 폈을 뿐만 아니라 문장에 뛰어나 책문(冊文)·반교문(頒教文)·묘지명 등을 많이 썼다.

또한, 국내외 기행문과 우리 역사에 대한 고증도 남기고 있다. 서화에도 뛰어났으며, 시조 「동창이 밝았느냐」가 『청구영언』에 전한다. 숙종 묘정(廟庭)에 배향, 강릉의 신석서원(申石書院), 종성(鐘城)의 종산서원(鐘山書院), 무산(茂山)의 향사(郷祠) 등에 제향되었다. 저서로 『약천집』·『주역참동계주(周易参同契註)』가 전한다. 글씨로는 좌상남지비(左相南智碑), 찬성장현광비(賛成張顕光碑), 개심사(開心寺)·양화루(両花楼)·영송루(迎送楼)의 액자를 남겼다. 시호는 문충(文忠)이다.

남인(南人)

동인이 남인과 북인 (北人)으로 나뉜 것은 서인 정철(鄭澈)의 세자 책봉 문제제기로 동인 내부에서 생겨난 강경파와 온건파의 대립에서 기인하였다. 분당의 원인으로는 여러 가지를 들 수 있으나, 당시 집권한 동인이 남인과 북인으로 나뉜 것은 집권당 내의 주도권을 장악하기 위한 정치현상이었다. 이발(李潑)·이산해(李山海)를 따른 일파를 북인이라 부르고 우성천(禹性伝)·유성룡(柳成竜)을 따른 일파를 남인이라고 불렀는데, 우성전의 집이 서울 남산 밑에 있었고 유성룡이 영남 출신이었기 때문에 남인으로 불리게 되었다고 한다. 초기의 남인은 이이(李珥)와 교유관계를 가지고 있었던 이원익(李元翼)·이덕형(李德馨)을 제외하고는 이황(李滉) 문하의 영남학파 출신이 그 중심세력을 이루고 있었다.

남인은 북인과 갈린 이후 우성전·유성룡·김성일(金誠一) 등을 중심으로 한때 정권을 잡았으나, 북인이 1602년(선조 35) 유성룡을 임진왜란 때 화의를 주장하여 나라를 그르쳤다는 이유로 탄핵, 사직하게 한 뒤 정권에서 밀려났다. 서인을 중심으로 북인정권에 반대하여 쿠데타로 정권을 장악한 인조반정 때, 남인인 이원익을 영의정으로 삼자 남인과 서인 사이에는 유대가 성립되었다. 인조 때 당파세력은 서인을 중심으로 남인과 연합하는 형세였고, 북인 중 소북(小北)의 일부가 겨우 명맥을 유지하고 있었다. 인조 때의 남인으로는 유성룡의 문인 정경세(鄭経世)를 중심으로 당시 영의정 이원익과 이광정(李光庭)·이성구(李聖求)·이준(李埈)·장현광(張顕光)·정온(鄭蘊) 등이 있었다. 이 시기의 남인과 서인 사이의 유대관계는 점점 이완되어 서인과의 알력이 점차 표면화되었다. 이는 한편으로 성리학의 논쟁을 가져오기도 했으며 서인 주기파(主気派)와 남인 주리파(主理派)의 논쟁으로 전개되기도 했다.

이리하여 효종 이후 북벌 등을 내세워 정국을 주도하는 서인과 그를 비판하는 남인이 서로 대립하는 국면을 이루게 되었다. 남인은 현종 때 효종의 상에 대한 조대비의 복상문제를 둘러싸고 커다란 논쟁을 전개했는데, 이것이 바로 1659년(현종 즉위) 기해예송(己亥禮訟)이다. 그 뒤 다시 효종비에 대한 조대비의 복상을 둘러싸고 다시 예송이 전개되었을 때 남인의 주장이 받아들여져, 서인이 물러나게 되고 남인이 정권을 잡게 되었다. 예송에서 남인의 주장은 대체로 왕실의 예와 사족의 예가 다르다는 것이었는데, 이는 왕실의 위엄을 높이고 왕권을 강화하는 의미를 지니는 것이기도 했다. 이때 서인에 대한 처벌을 놓고 남인이 다시 온건파와 과격파로 나누어졌는데 전자를 탁남(濁南), 후자를 청남(清南)이라 불렀다. 허적(許積)을 수령으로 하는 탁남에 대립하여 서인의 죄를 강력하게 추궁해서 문죄하자는 청남에는 허목(許穆)이 수령격이었다. 탁남을 중심으로 한 남인정권은 어느 정도 독자적인 군문을 확보하면서 기반을 다지려 했으나 1680년(숙종 6) 경신대출척(庚申大黜陟)으로 밀려나게 되었다. 정권을 잃은 뒤 서인(노론·소론)과 정쟁을 벌이는 과정에서 탁남과 청남의 구별이 없어졌다.

그 후 탕평책이 추진되는 과정에서 오광운(吳光運) 등 탕평에 적극적으로 참여하는 집단과 소극적인 집단으로 나뉘기도 하고, 정조년간에 채제공(蔡濟恭)이 영의정으로 정국을 주도하기도 했으나 경종 이후 조선 말기까지 남인집권기는 도래하지 않은 채 중앙정치에서 멀어지게 되었다. 남인들의 주장이 탕평책과 연결된 것은 그들의 붕당

론에서 왕의 정치적인 역할을 강조한 것과 연관된다. 중앙정치에서 밀려난 남인들은 영남을 중심으로 향촌에서 기반을 유지하면서 학문에 전념할 수밖에 없었다. 그리하여 18세기 '실학자'들 가운데는 남인계가 많으며 18세기말에 천주학이 일부 남인계를 중심으로 수용되기도 했다(야후백과사전).

서인(西人)

붕당의 성립은 1575(선조 8)년의 동서분당을 기점으로 한다. 이때 심의겸(沈義謙)의 집이 서울의 서쪽인 정릉방(貞陵坊: 정릉)에 있었고, 김효원(金孝元)의 집은 동쪽인 건천동(乾川洞: 인현동)에 있었으므로 각각의 지지자들을 서인과 동인으로 부르게 되었다. 초기 서인의 구성원은 이이(李珥)를 중심으로 박순(朴淳) · 김계휘(金継輝) · 정철(鄭澈) · 윤두수(尹斗壽) · 윤근수(尹根壽) · 구사맹(具思孟) · 홍성민(洪聖民) · 신응시(辛応時) · 성혼(成渾) · 조헌(趙憲) · 남언경(南彦経) · 이귀(李貴) 등이었다. 특히 이이와 성혼의 제자는 이후에도 서인의 주요학맥이 되었다. 서인은 대부분 전통적으로 중앙정계에서 활약해온 명문가문 출신과 기호지방 사림출신들로 경기도 · 충청도 · 전라도와 황해도 지역에 든든한 기반을 보유하고 있었다. 따라서 서인은 조선 후기 중앙정계에서 가장 유력한 당파로서, 세력이 위축 · 실각했을 때는 있으나 완전히 축출된 적은 없었고 정계에서 항상 일정한 기반을 유지했다. 그러나 이들도 연산군 때의 갑자사화(甲子士禍), 중종 때의 기묘사화(己卯士禍), 명종 때 윤원형(尹元衡)의 전횡을 거치면서 왕권의 지나친 비대화나 외척의 일방적 성장에 대해서는 부분적으로 견제하는 역할을 했다. 때문에 윤원형을 제거한 뒤에는 조광조(趙光祖)를 비롯한 기묘·을사 사화 희생자들의 신원을 주장하고, 경상도·전라도 사림의 등용을 주선하는 등의 정책을 폈다. 그러나 토지문제를 위시한 국정혁신 정책에 대해서는 동인보다 소극적인 편이었다.

1588(선조 21)년 정여립(鄭汝立)의 역모사건을 계기로 서인은 기축옥사를 일으켜 동인을 몰아내고 주도권을 장악했다. 그러나 이때의 동인에 대한 탄압은 서인·동인 간의 대립을 굳히고 동인을 남인·북인으로 분리시키는 계기를 만들었다. 1591년 정철이 세자책봉 건의로 노여움을 사게 되어 실각하면서 동인이 다시 진출했다(建儲議事件). 그러나 서인 실각의 결정적 계기는 임진왜란과 광해군의 등극이었다. 서인은 선조 때 정국의 주도세력으로 군제 붕괴와 초반 패전에 책임이 있었다. 물론 전쟁중에 대명외교를 성공시켜 명나라의 원조를 얻어냈고, 의병활동에서 조헌·고경명(高敬命)·김천일(金千鎰)의 활약이 있었으나 전반적인 공로는 남인과 북인이 앞섰다. 또한 서인은 광해군의 등극을 반대하고 영창대군을 지지했으므로 광해군이 등극하면서 크게 위축되었다. 광해군 때 서인은 비교적 중도적 입장을 유지했던 이항복(李恒福)을 중심으로 유지되었다. 광해군 후반기에 대북정권이 주도한 인목대비 폐위와 서양갑(徐洋甲) 사건(七庶事件)을 빌미로 일어난 계축옥사로 서인은 일대 위기를 맞았으나, 인조반정을 성공시킴으로써 위치가 공고해졌다. 인조반정 뒤 서인은 소수의 남인과 소북(小北)·중북(中北) 일부를 등용하는 한편, 김장생(金長生)·김집(金集)·송시열(宋時烈)을 주축으로 한 기호사림을 포섭하여 정국의 안정을 꾀하고자 했다. 이후 서인의 내부에 여러 번 당(党)이 생겨났지만 대부분 분당이라기보다는 유력인물을 중심으로 한 계파(系派)로서 김유(金瑬)·김자점(金自点)·이귀·최명길(崔鳴吉)·이시백

(李時白) · 장유(張維) · 원두표(元斗杓) · 심명세(沈明世) · 구굉(具宏)
등 공신 · 외척 세력을 포함한 훈신세력과 사림인사로 구분된다. 인조
초기에는 반정공신 세력인 훈서(勳西: 또는 功西)와 반정에 직접 참
여하지 않았던 김상헌(金尙憲)의 청서(淸西)로 구분되었다. 훈서는 다
시 김유를 중심으로 신흠(申欽) · 오윤겸(吳允謙) · 김상용(金尙容)의
노서(老西)와 이귀 · 장유 · 나만갑(羅万甲)의 소서(少西)로 나누어진
다. 이는 남인인사를 등용하는 문제로 갈라진 것인데, 각 당파의 인물
을 어떻게 등용할 것이냐를 놓고 이외에도 여러 번 논쟁이 있었다.
이 문제에는 반정공신계보다 사림계인 김상헌 · 김장생 등이 더욱 엄
격한 태도를 보였다. 인조 후반에 김집 · 송시열 등이 중용되면서 서
인정권은 최후의 공신계열인 원두표의 원당(原党), 김자점의 낙당(洛
党), 김육(金堉) · 신면(申冕)의 한당(漢党), 사림계인 산당(山党)으로
구분되었다. 한당과 산당은 김육 · 김집이 대동법 시행문제를 두고 대
립하여 발생했는데, 대동법 시행을 촉구한 김육의 집이 한강 이북에
있고, 산당은 연산(連山) · 회덕(懷德) 지역의 사림들이므로 이런 명칭
이 붙었다. 효종 때 김집이 이조판서가 되어 송시열 · 윤선거 · 이유태
(李惟泰)를 천거한 것을 계기로 서인 내부의 사림은 세력을 확충하여
송시열을 중심으로 재편되었다. 그외에도 이때의 주요인물로 김수홍
(金壽興) · 송준길(宋浚吉) · 유계(兪棨) · 민유중(閔維重) · 민정중(閔
鼎重) · 김만중(金万重) · 윤선도(尹善道) · 남구만(南九万) 등이 있다.
이들은 철저하게 주자의 사상에 입각한 정책을 시행하여, 주자의 명
분론에 기초한 신분제와 지주전호제의 안정을 기축으로 한 사회재건
을 추구했다. 동시에 주자도통계승운동과 율곡의 문묘종사운동을 일
으켜 주자 · 율곡(기호학파)으로 이어지는 자신들의 학문적 계보와

정책의 정당성을 강화하여 당시 최대의 정적이었던 남인에 대항하는 한편, 일부 진보적 학자들에게 도입된 반주자학적 경향과 토지개혁론에 대처했다. 그러나 이들은 대신들의 국정주도를 강조하며 왕실의 비대와 척신정치(戚臣政治)에 대해서도 철저히 반대하는 입장이었으므로, 서인 내부에서 훈서·한당 계열 인물과 송시열계의 대립이 깊어졌다. 결국 현종 때 예제논쟁을 시발로 척신인 김석주(金錫冑)와 윤휴(尹鑴)·허적(許積)을 대표로 하는 남인이 연합하여 정계에 세력을 확장하면서 서인도 개혁론과 다른 당파에 대한 대응책을 놓고 노론·소론으로 분리되었다. 인맥과 정책으로 보면 서인의 주류는 노론으로 이어진다고 보아야 할 것이다. 이들 간의 역학관계 속에서 숙종~경종 때의 정국은 출척(黜陟)과 환국(換局)이 반복되었다. 이 과정에서 노론은 숙종 때 송시열이 사형당하고, 소론의 지지를 받는 경종이 즉위하자 이이명(李頤命)·김창집(金昌集) 등 노론 4대신이 처형되는 위기를 겪지만 영조 즉위와 함께 다시 세력을 회복했다(야후백과사전).

(21-05)

- 同六日両馳走訳裁判方ニ罷出候付都船主同然ニ対面之所両訳官申
候者昨日被仰聞候趣昨夜東莱ニ罷越具ニ接慰官ニ申達候明日茶礼
可被成与之儀ニ御座候得共昨日申入候様ニ御国より被仰越候勘文
之壱嶋二名ニ思召候与之儀御書簡ニ不相見候付此御書翰難請取旨
都ニ而朝廷

(21-05)

- 八月六日のことである。[朴同知と朴僉知の]両馳走役が、裁判方
にやって来た。そこで[裁判と]都船主とが同席し対談した。この
両訳官が申すことには、昨日仰せ聞かされた御趣旨を、昨夜東
莱府へ罷り越し、具に接慰官へ申し伝えたとのことであった。
明日茶礼を設行すべきとのことでありますが、昨日申し入れた
様に、御国から御指摘のあった勘案された文言、すなわち一島
二名とお考えになる事は、今回の御書簡には見えません。その
ような[要点を欠いた]御書簡については[やはり]請け取ることが
できないとのことであります。この事は都に於いて、朝廷

- 8월 6일의 일이다. [박동지와 박첨지] 양 치주역이 재판 쪽에 왔
다. 그곳에서 [재판과] 도선주가 동석하여 대담했다. 이 양 역관
이 말하는 것은, 어제 명받은 취지를, 어젯밤에 동래부에 가서,
자세히 접위관에게 전했다는 것이었다. 내일 차례를 설행해야
한다는 것입니다만, 어제 말씀드린 것처럼, 귀국(쓰시마)이 지적
했던 감안된 문언, 즉 1도 2명으로 생각하는 것이, 이번의 서간

에는 보이지 않습니다. 그처럼 [요점이 빠진] 서간에 대해서는
[역시] 수취할 수 없다는 것입니다. 이 일은 도성에서, 조정

方より接慰官^江被申含候兎角茶礼不相調候而不叶儀^二候得共右申候通
御書簡御直シ被成候儀茶礼之日限幾日差延度之申達候得共達而被仰
聞候付幾日^二相調候旨都^江断之為^二候間明日之儀者被差延明後八日^二被
相済被下候へ又昨日茂

方から[充分]接慰官に申し含められております。[それゆえ仕方の無
いことでございます。]兎も角も茶礼を調えなくては叶わぬことでご
ざいますが、右に申した通り、御書簡を御直しに成られることが、
茶礼の日限を[決定することになります。それゆえ御直しのため]幾日
ほど差し延べたいのか[そのお尋ねの事を、先日]お伝えしておりまし
た。だが[御回答がございません。しかし今回]達って[茶礼設行の御
希望を、私どもに]お話し下さったので[その御希望に沿い、なんとか
茶礼設行を致したいと思います。]幾日に調えるかの旨を、都へ告げ
知らせなければならない為、明日というのは[無理でございます。今
少し]差し延べて、明後日の八日ということで済ませるようにしてい
ただきたいと思います。又、昨日も

(조정) 측에서 [충분히] 접위관에게 지시해 두었습니다. [그렇기 때문
에 어찌할 수 없는 일입니다.] 어쨌든 차례를 준비하지 않으면 안 되
는 일입니다만, 위에서 말한 대로 서간을 고치시는 일이, 차례의 일자
를 [결정하는 일이 됩니다. 그렇기 때문에 고치기 위해] 며칠 정도 연
기하고 싶은가 [그것을 묻는 일을, 전일에] 전해 드렸습니다. 그러나
[회답이 없습니다. 그러면서 이번에] 무리하게 [차례 설행의 희망을
우리들에게] 말씀하여 주셨기 때문에 [그 희망에 따라 어떻게든 차례

설행을 하고 싶다고 생각합니다.] 며칠에 실시할 것인가에 대한 것을
도성에 알리지 않으면 안 되기 때문에, 내일이라는 것은 [무리입니다.
약간] 연기해서, 모레 8일로 정하려고 생각하고 있습니다. 또 어제도

申入候壱嶋二名ニ被思召候与之儀御書簡御直し難被成其上御口上書も
難被成与御座候上者茶礼之節御使者之御口上ニ慥被仰達候様被成被下
候へ左様無御座候而者御返答之申様無御座ニ付茶礼相調候而も御書簡
請取申儀不罷成由両人申聞候付

申し入れたのですが、一島二名であるとお考えになっている件です
が、この御書簡に於いては、御直しに成られ難いとのこと、その
上、御口上書[にも一島二名の首尾をお書き載せに]成られ難いとのこ
と、そのようである以上、茶礼の時に、御使者の御口上に於いて、
確かに[そのことを]お話し下さい。そうで無くては御返答の申し様も
ありません。茶礼を相調えても、この御書簡を[朝鮮の側が]請け取る
事は、罷り成らぬことであると[そのように私ども]両人は聞いており
ます。[このように彼らは話すのであった。これに対し]

말씀드렸습니다만, 1도 2명이라고 생각하시고 있는 건입니다만, 이
서간에서는 고치기 어렵다는 것, 그 위에 구상서[에도 1도 2명의 상
황을 기재]하기 어렵다는 것, 그러한 이상, 차례를 행할 때 사자의 구
상으로, 분명히 [그 일을] 이야기해 주세요. 그렇지 않으면 반답을 말
할 수도 없습니다. 차례를 마련한다 해도, 이 서간을 [조선 측이] 받는
일은 할 수 없는 일이라고 [그렇게 우리들] 두 사람은 듣고 있습니다.
[이렇게 그들은 말하고 있었다. 이것에 대해]

八右衛門柳左衛門致返答候者段々申分無十方事而已申聞候接慰官下着
九十日ニ及候迄延引之事ニ候得者御待遠ニ可思召段致推量候御勝手次第
急度茶礼可相調候与其方共方より申掛候而社尤之事ニ候是程迄相延候
上又々茶礼迄一日一日と可相延与申儀両人取次共不存候茶礼相調候而
も書簡ハ難請取与申候事茶礼ハ何之用ニ相調儀ニ候哉接待之上書簡

八右衛門と柳左衛門が返答をした。色々とお話し下さったことは、
とほうも無い事であるが、それは[昨日から]既に聞き及び、聞き知っ
ていることである。そもそも接慰官の[下向は遅延し、東莱への]下着
は、もう九十日にも及ぶ遅れとなってしまった。これほど迄に[会談
が]延引したことで、さぞや[接慰官ご自身も]待ち遠しく思っておら
れることと推量する。ご都合の次第で、しっかりと茶礼[の日時]を調
えたいと[今回]そちらから申し掛けて来た。そのことは、もっともの
事と存ずる次第である。これほど迄に延びた上で、又々茶礼迄も一
日一日と延ばそうとする。このことは両人の取り次ぎなど存在しな
いも同然の事である。[その上に]茶礼を調えても書簡は請け取り難い
と言う事では、茶礼はいったい何の用事で調えるものなのか。[ここ
をよく考えていただきたい。]接待した上で、書簡の

하치에몬과 야나기자에몬이 반답을 했다. 여러 가지를 이야기해 준
것은 어처구니없는 일이지만, 그것은 [어제부터] 이미 듣게 되어, 들
어서 알고 있는 일이다. 원래 접위관의 [하향이 지연되어 동래에] 도
착하는 것은 이미 9, 10일이나 늦어지고 말았다. 이 정도까지 [회담
이] 연기된 일로, 필시 [접위관 자신도] 기다리기 지루하다고 생각하

고 계실 것이라고 추량한다. 상황 여하에 따라 분명히 차례[의 일시]를 조정하고 싶다고 [이번에] 그쪽에서 말해 왔다. 그 일은 당연한 일이라고 생각하는 바이다. 이 정도까지 연기하고 또 차례까지도 하루하루 연기하려고 한다. 이 일은 두 사람의 주선이 존재하지 않는 것과 같은 일이다. [그 위에] 차례를 마련해도 서간은 받기 어렵다고 말하고 있다면서, 차례는 도대체 무엇하려고 마련하는 것인가. [이것을 잘 생각해 주었으면 한다.] 접대한 위에, 서간의

不相渡候而差置物ニ候哉一々不聞申分茶礼可相延与申儀無十方事ニ候
此段正官人江申入候儀難成候明後八日者日本之国忌ニ而候之間急度明
日茶礼相調候様ニ早々罷帰接慰官江申達相済候様ニ可仕旨申渡シ候之処
今晩者夜ニ入東莱迄参候ハ、夜更相談可埒明とハ不存候へ共両人達而
申事ニ候間直ニ東莱江罷越否之儀明朝早々可申越旨申候而暮方罷帰候

伝達は無く、それは差し置くと言う[のは、おかしな事である。茶礼
とは]そのようなものでは無いのではないか。一つ一つの申し入れは
聞かない、茶礼は延ばすべきだとは、全くとほうも無い事である。
そのような事を正官人へ申し入れることはできない。また明後日の
八日は[先代家綱公の忌日で]日本の国忌である[註2]。[そのような日に
茶礼などはできない。]是非、明日、茶礼を調える様、早々に罷り帰
り、接慰官に伝え、そのように済むよう取り計らって頂きたい。そ
のように申し渡したところ、今晩は、もうすでに夜に入っているの
で、東莱迄参った頃には、夜更けになっている。[そのような時刻に]
相談しても[とうてい]埒の明くような事になるとは思えないとのこと
であった。しかし[八右衛門と柳左衛門の]両人が強く要求する事なの
で、直ちに東莱府へ罷り越し、否であることを確認し、明朝早々、
その旨を伝えましょうと言って、夕暮時に帰っていった。

전달은 없고, 그것은 놓아둔다고 말하는[것은, 이상한 일이다. 차례라
는 것은] 그런 것이 아니지 않은가. 하나하나 요구는 듣지 않고, 차례
는 연기해야 한다고 말하는 것은, 참으로 어처구니없는 일이다. 그러
한 일을 정관에게 말씀드릴 수 없다. 또 모레 8일은 [선대 이에쓰나

공의 기일로] 일본의 국기이다. [그러한 날에 차례 따위는 할 수 없
다.] 꼭 내일 차례를 마련하도록 서둘러 돌아가 접위관에게 전하여,
그렇게 해결하도록 주선해 주었으면 한다. 그렇게 이야기했더니, 오
늘밤은 이미 밤이 되었기 때문에, 동래까지면 밤이 깊어집니다. [그러
한 시각에] 상담해도 [도저히] 납득이 가는 일이 되리라고는 생각할
수 없는 일이었다. 그러나 [하치에몬과 야나기자에몬] 두 사람이 강하
게 요구하는 일이기 때문에, 즉시 동래부에 가서, 안 된다는 것을 확
인하고 내일 아침 빨리, 그 뜻을 전하겠습니다라고 말하고, 해질 무렵
에 돌아갔다.

(21-06)

- 同七日両馳走訳都船主方ニ入来ニ付裁判同然ニ対面之所両訳官申候者昨夜裁判より直ニ東莱江罷越候所亥刻迄ニ致参着候故接慰官東莱被休候付相談不罷成今日与申候而者難成儀ニ御座候明日者日本之国忌与被仰候間明後九日ニ被相済被下候様ニ与接慰官東莱被申候由申ニ付兼而申聞候通明日者日本之国忌ニ而

(21-06)

- 八月七日、両馳走の訳官が、都船主方へ入って来た。裁判が同席して対面した所、両訳官が申したのは、昨夜、裁判方から直ちに東莱府へ罷り越し、亥の刻(夜の十時頃)迄に参着したとのことであった。だがすでに接慰官や東莱府使は就寝されており、相談するには至らなかった。だから今日[の朝、相談したので、今日直ぐにも茶礼]と言うことには成らなかった。明日は日本の国忌と言うことであるから、ならば明後日の九日ということに[日時の決定]を済ませてはと、接慰官や東莱府使は申されていた。[このように彼らは言って来た。それに対し、こちらは]兼ねてから申し伝えていた通り、明日は日本の国忌である。

(21-06)

- 8월 7일에 양치주의 역관이 도선주 쪽에 들어왔다. 재판이 동석하여 대면했을 때, 두 역관이 말한 것은, 어젯밤에 재판 댁에서 즉시 동래부로 가서, 해시(밤 10시경)에 도착했다는 이야기였다. 그러나 이미 접위관이나 동래부사가 취침에 들어 상담하지 못했

다. 그러므로 오늘 [아침에 상담했기 때문에, 오늘 즉시 차례]를 설행한다는 일은 되지 않았다. 내일은 일본의 국기라고 말하고 있으므로, 그렇다면 모레의 9일로 [일시의 결정을] 정하면 어떤가라고, 접위관과 동래부사가 말씀하셨다. [이렇게 그들이 말했다. 그것에 대해, 우리는] 전부터 말했던 대로, 내일은 일본의 기일이다.

候故又一日相延候儀如何＝存是非今日相済候様＝昨夜達而申聞候へ共
右之通＝候へハ無力事候左様＝候者弥明後九日可相調候間無相違可仕
旨申渡候処明日調可申与申程之儀＝御座候へハ明後日之儀者猶以違変
仕間敷由申聞ルヂ御用之儀茶礼後平座候而可申組由正官人被申候由両
人申渡ス

そこで又一日ほど繰り延べになってしまうとは、このようなこと
は、いかがなものであろうか。是非、今日[茶礼が]済むようにと、昨
夜、達って申し伝えたことであった。だが右の通りの結果に至って
しまった。[両訳官の]力の無さを知るばかりである。そのようである
から、いよいよ明後日の九日に[茶礼の日時が決定し]相調うことに
なった。間違いなく設行するよう、申し伝えた処、明日から準備に
入ると言う程の事で、明後日のことは、なおさら違変になるような
ことは無いと聞かされた。さらに彼らに伝えたのは、御用の事につ
いてである。茶礼の後に、平座になって語り合いたいと、正官人が
申されていたとのことで、これを両人へ申し渡した。

그래서 또 하루 정도 연기되고 만다는 것은, 이와 같은 일은, 어찌된
일인가. 꼭 오늘 [차례를] 마칠 수 있도록 하라고, 어젯밤에 무리해서
말했던 것이다. 그러나 위와 같은 결과가 되고 말았다. [두 역관의] 힘
이 없다는 것을 알았을 뿐이다. 그러하므로 결국 모레 9일을 [차례 일
시로 결정하고] 준비하는 일이 되었다. 차질없이 설행할 수 있도록
하라고 전했더니, 내일부터 준비에 들어간다고 하는 정도의 일이었
다. 모레의 일은 또 바뀌게 되는 것과 같은 일은 없다라고 들었다. 다

시 그들에게 전한 것은, 용건에 관한 일이었다. 차례가 끝난 후에 평좌하여 이야기하고 싶다고, 정관이 말했다는 것으로, 이것을 양인에게 말해 주었다.

(21-07)

・両判事〓裁判都船主申掛候ハ今度御用向各別〓候へ共両判事此方
体之何角申候而壱ツも役〓不立事〓候得共又下より之申成も可有
之事〓候今度又々被差渡候儀能々両人も致合点候へ両国首尾宜様
〓与被存候而之事〓候朴同知儀者最初より取次候事〓候へハ跡先
入組能合点にて候今度国より

(21-07)

・両判事へ、裁判と都船主が申し掛けたことは、今度の御用向き
は各別のことであるが、両判事は先日来、何や彼や申して、一
つも役に立たぬ[働きぶり]であった。だが下僚からすれば、また
言い分も有ることであろう。今度、又々差し渡された使者[の御
役目]のことについては、能く能く両人も合点しておかねばなら
ない。これは両国の関係が首尾よく進むよう切望しての交渉で
ある。朴同知は最初から[この件について]取り次ぎを行ってきた
から、あと先の事情は入り組んでいるが、そのような事も、能
く合点している筈である。今度、御国(対馬藩)から

(21-07)

・양 판사에게 재판과 도선주가 말한 것은, 이번의 용건은 각별한
일인데, 양 판사는 선일 이래 이것저것을 말하며 하나도 도움이
안 되는 [움직임]이었다. 그러나 하료로서 할 말도 있을 것이다.
이번에 또 건너온 사자[의 역할]에 대해서는, 두 사람도 잘 알아
두지 않으면 안 된다. 이것은 양국의 관계가 문제 없이 진행되는

것을 절망하는 교섭이다. 박동지는 최초부터 [이 건에 대해] 주
선해 오고 있으므로, 전후의 사정을 잘 알고 있으므로, 그러한
일도 잘 알고 있을 것이다. 이번에 나라(쓰시마)에서

被中越候通蔚陵嶋之文字さへ被除候得者何之云事折渡り無之候皆共
如何存候哉被中越候通文字被除返簡被相渡候とて対馬守殿為゠冝与申
儀毛頭無之候又此文字被除候とて朝鮮之御為悪敷与申儀存寄無之候
蔚陵嶋之名目を朝鮮゠被残候儀者如何程も了簡有之事゠候

申し入れを行った通り、蔚陵嶋の文字さえ除いていただければ、も
う何も言う事は無く、決裂などと言うことは無い。その方どもは[こ
のことを]どのように思われるのか。申し伝えた通りに文字が除か
れ、そのような返翰が、こちらに渡されたからと言って、それで対
馬守殿の為に宜しいと言うようなことでは毛頭ない。またこの文字
が除かれたからと言って、朝鮮の為に悪いことが生ずると、そのよ
うに考える必要は全く無い。蔚陵嶋の名目を朝鮮に残そうとするこ
とには、まだ幾らでも思案が有るではないか。

요구한 대로, 울릉도라는 문자만 삭제해 준다면, 더 이상 말할 것이 없
어, 결렬 등을 말하는 일은 없다. 당신들은 [이 일을] 어떻게 생각하는
가. 말한 대로 문자가 삭제된, 그러한 반한이 우리 쪽에 전달되었다 해
서, 그것이 쓰시마노카미 님을 위해 잘되었다고 할 수 있는 일은 조금
도 없다. 또 문자가 삭제되었다 해서 조선에 나쁜 일이 생긴다고, 그렇
게 생각할 필요는 전혀 없다. 울릉도의 명목을 조선에 남기려고 하는
것에는, 아직 여러 방법이 있는 것 아닌가.

此段朝廷方能御合点被成候者早々可相済儀ニ候返簡延引候而者東武之
首尾悪敷候望之通返簡下り候ヘハ明日ニ茂帰国被仕事ニ候ヘハ両国之
首尾能何茂迄埒明事ニ候八右衛門儀当春者訳官同道国元江居候付爰元
之儀然与者

この事に朝廷方が能く合点なされば[この問題は]早々に済んでしまう
筈のものである。返翰が[今のように]延引しては、東武に対しての首
尾も悪い。もし望み通りの返翰が下ったならば、明日にも[我々は]帰
国するつもりでいる。そうなれば両国の首尾も能く、いずれの面か
ら見ても[両国の関係は]良好に収まる。八右衛門は当春、訳官と同道
し、国元に居たので、こちら[釜山]での事情を、しっかりとは

이것을 조정 측이 잘 이해하시면 [이 문제는] 빨리 끝나는 일이다. 반
한이 [지금처럼] 늦어지면, 동무에 대한 상황이 좋지 않다. 만일 원하
는 반한이 내려온다면 내일이라도 [우리들은] 귀국할 예정이다. 그렇
게 되면 양국의 상황도 좋고, 어느 면에서 보아도 [양국의 관계는] 양
호하게 수습된다. 하치에몬은 금년 봄에 역관과 동도하여 쿠니모토
(쓰시마)에 있었기 때문에, 이쪽(부산)에서의 사정을 제대로는

不知候へ共正官人[江]朴同知為申入儀茂有之由ニ候其上接慰官書物も被
致候様粗聞及候都表諸役移替候とて接慰官なと書物末世ニ至而も証拠
ニ成間敷事ニ候哉勿論ヶ様之沙汰出る儀ニ而無之候へ共事六ヶ敷成行候
ハ、何角不残不顕候而不叶事ニ候其節者第一朴同知首尾宜ケル間敷候
朴同知科ニ逢候程之事ニ候者朴僉知茂

知らない。だが正官に対し朴同知が[交渉をまとめるため、種々の]申
し入れを行っていたことは聞き知っている。その上、接慰官が[交渉
の経過を逐一]書き物に致されている様子については、あらまし聞き
及んでいる。都表の諸役は移り替っているので[立場が変われば、言
うことは変わってきている。]接慰官などの書き物は[この変化に翻弄
されていくから]末世に至っても[筋道の通ったものとして、身を護る]
証拠に成るようなものではない。勿論、このように[都の方針が変
わっても、その方どもに、まずい交渉であると]沙汰が出るようなこ
とは無い事であろう。だが難しい成り行きになれば、何かと残らず顕
らかにしなければ叶わぬ事になる。そのような折には、その第一に、
朴同知の首尾は宜しくないということで、朴同知は咎に逢う可能性が
出てくる。そのような事態に立ち至ることは、朴僉知にとっても、

알지 못한다. 그러나 정관에게 박동지가 [교섭을 정리하기 위해, 여러
가지를] 요구를 하고 있었다는 것은 들어서 알고 있다. 그 위에 접위
관이 [교섭의 경과를 하나하나] 기록하고 있는 것에 대해서는 대충
듣고 있다. 도성의 제역은 바뀌고 있기 때문에 [입장이 바뀌면 말하
는 것이 바뀌게 된다.] 접위관 따위의 기록물은 [이 변화에 번롱 당하

게 되므로] 말세가 되어도 [도리가 통하는 것으로 해서, 신분을 보호하는] 증거가 되는 것이 아니다. 물론 이렇게 [도성의 방침이 변해도, 당신들에게 나쁜 교섭이라고] 평판이 날 것 같은 일을 없을 것이다. 그러나 어려운 진행이 되면, 아무것도 남김없이 분명히 하지 않으면 안 되는 일이 된다. 그러할 때는, 제일 먼저 박동지의 상황이 좋지 않다는 것으로, 박동지는 처벌받을 가능성이 생긴다. 그러한 사태에 이르는 것은 박첨지도

本望二ハ有之間敷候旁悪敷事而已二而候今度之儀下より之沙汰曾而無
益之儀二候得共能合点之上二候へハ双方論談取次之心入二候間此段能落
着居候へと懇二申掛候へハ朴同知朴僉知返答二御懇二被仰聞忝存候左様
之儀を得与御内談可申与存毎日致入館候へ共無御聞分御しかり被成
候故申出儀不罷成比方より不申入候蔚陵嶋之文字御嫌被成又々

もとより望むところでは無いであろう。いずれにしても、そのよう
な[首尾に至る]ことは悪い事で、是非、避けたいところである。今度
のことは下僚による下々での[遣り取りの]操作では[処理できず]全く
無益のことであった。だが能く合点の上で行ったことでもあり、そ
のような双方の論談は、取り次ぎとしての心遣いによるものであっ
た。このような[心遣いによる]段取りで、うまく落着になって欲しい
と[こちらも同様に]思っていることであった。このように懇切丁寧に
話し掛けたところ、朴同知と朴僉知の返答は、懇ろにお話し下さ
り、忝く思います。そのようなことを、とくと御内談しよう思い、
毎日[私共も]ここに入館いたしておりました。しかし御聞き分けいた
だくことは無く、ただ御叱りに成られるばかりなので[私共は、それ
以上に]申し出ることも罷り成らず[敢えて]こちらから申し入れを行
うようなことは致しませんでした。こうして蔚陵嶋の文字を御嫌い
に成られ、又々

처음부터 원하는 일은 아닐 것이다. 어쨌든 그와 같은 [상황에 이르
는] 것은 나쁜 일로 꼭 피하고 싶은 바이다. 이번의 일은 하료에 의한
아랫사람들의 [주고받는] 조작으로는 [처리할 수 없는] 아주 무익한

일이었다. 그러나 잘 이해하고 행한 일이고, 그러한 쌍방의 논담은 주선하는 자로서의 마음가짐에 의한 것이었다. 이와 같이 [신경을 쓰는] 준비로 잘 낙착되었으면 좋겠다고 [우리도 마찬가지로] 생각하고 있는 일이었다. 이렇게 간절하고 정중하게 이야기했더니 박동지와 박첨지의 답은, 간절하게 이야기해 주시어 황송하게 생각합니다. 그와 같은 것을, 차분히 이야기할 생각으로, 매일 [우리들도] 이곳에 입관하고 있었습니다. 그러나 납득하여 주는 일은 없고, 그저 꾸중만 듣기 때문에 [우리들은, 그 이상] 말씀드리는 일도 할 수 없어 [일부러] 우리 쪽에서 말씀드리는 것과 같은 일은 하지 않았습니다. 이렇게 울릉도라는 문자를 싫어하셔서, 다시

御使者被差渡候付当春帰国之訳官^江被仰含候者此返翰御了簡被成候へ
ハ竹嶋ハ蔚陵嶋ニ無紛候得共数年日本之御支配ニ被成来候を此文字書
込壱嶋二名ニ紛レ候儀聞^江たる仕方ニ候間御取次被成間敷与被仰聞候其
旨訳官共致帰国具ニ申達候之処朝廷方被聞届扨ハ御国之御心入共不存
候事広不成様ニ与存東武^江被仰上首尾宜様随分結構ニ

御使者を差し渡されたことに付いて[朝鮮側の理解を申し述べれば、
次のような事でございます。すなわち]当春[対馬から]帰国の訳官に
仰せ含められたことがございます。そこでは、この返翰についての
御了解があり、竹嶋は蔚陵嶋に紛れ無い島であるが、数年来、日本
の御支配に成られて来たのを、この文字を書き込むことで、一島を
二つの名に紛れさせ[朝鮮の御支配を残している。]これは露骨な遣り
方であるので[公儀へ]御取り次ぎができないのだと、そのように聞か
されました。その旨を訳官共が帰国し、具に[都へ]報告を致したとこ
ろ、朝廷方は[この報告を]お聞きになられ、さては御国の[皆様には
誠信の]御心遣いなど[もはや]存在しないのでは無いかと、そのよう
な御考えを漏らされました。[事態が]拡大しないようにと思い、東武
への報告に首尾よくと、随分と結構に

사자를 건너보낸 일에 대하여 [조선 측의 이해를 말씀드린다면 다음
과 같은 일입니다. 즉] 금년 봄에 [쓰시마에서] 귀국의 역관에게 말씀
하신 일이 있습니다. 그곳에서는 이 반한에 대한 이해가 있어, 죽도는
틀림없이 울릉도라는 섬이지만, 수년래 일본이 지배하게 된 것을, 이
문자를 기입하는 일로, 1도를 2명으로 혼동시켜 [조선의 지배로 남기

고 있습니다.] 이것은 노골적인 방법이므로 [장군에게] 주선할 수 없는 일이라고, 그처럼 들었습니다. 그 뜻을 역관들이 귀국하여 자세하게 [도성에] 보고하였던 바, 조정 측은 [이 보고를] 들으시고, 그렇다면 귀국의 [여러분에게는 성신의] 마음가짐 따위는 [이미] 존재하지 않는 것 아닌가라고, 그와 같은 생각을 흘리셨습니다. [사태가] 확대되지 않도록 할 생각으로, 동무에 하는 보고에는 상황이 좋다고, 상당히 잘 되었다고

相認候書面被仰分被下間敷与御座候ハ常々之御誠信ニ致相違候当年八
十一年ニ罷成候万暦年中ニ被仰越候御書簡其返簡両通迄差渡置候磯竹
嶋者則我国之蔚陵嶋ニ無其紛儀能御存知被成候上如此被仰越候ヘハ無
力事ニ候間我国之内ニ候通慥成証拠書立重而伯耆より日本人不参候様ニ
御断之返簡相認可申候由緒疾与東武ㇾ御聞被成候者御誠信之

相したためた書面であったが[これをお嫌いになられた。朝鮮の側が
こうして誠意を以て]申し述べた分は送って下さるなと、そのように
要求するようでは、常々の御誠信に相違する。当年八十一年にも成
るが、万暦年中に仰せ越された御書簡と、その時の返簡の、二つの
往復書簡[つまり万暦四十二年の東莱府使(朴慶業)と対馬島主(宗義智)
との間の往復書簡]には、磯竹嶋は則ち我が朝鮮国の蔚陵嶋に紛れも
無いことであると、そのように書き記されている。その記載がある
事は[日本でも]能く御存知のことである。[それなのに]このように[御
使者を立て、竹嶋すなわち蔚陵嶋は日本のものと]主張なさるようで
は[全ての話し合いが]無力となってしまう。我が国の内にある[記録
が示す]ように[対馬もまた]確かな証拠を書き立て、伯耆から日本人
が[島に]渡らぬよう[伯耆の藩主に]御断りの返簡を、したため下さっ
ては如何であろうか。そのようなことを直ぐにも東武へ御伺いなさ
れば、これは御誠信の

기록된 서면이었으나 [이것을 싫어하셨다. 조선 측이 이렇게 성의를
가지고] 이야기해준 것을 보내지 말라는 등, 그렇게 요구하는 것은,
통상의 성신과 다르다. 금년으로 81년이나 되는데, 만력(明의 신종의

연호, 1573~1620) 연중에 말하여 보내주신 서간과 그때의 반답, 두
개의 왕복서간 [즉 만력 42(1614)년에 동래부사(박경업)와 쓰시마 도
주(소우 요시토시) 간의 왕복서간]에는, 이소타케시마는 즉 우리 조선
국의 울릉도가 틀림없다라고, 그렇게 기록되어 있다. 그 기재가 있다
는 것은 [일본에서도] 잘 아는 일이다. [그런데] 이렇게 [사자를 보내,
죽도 즉 울릉도는 일본의 것이라고] 주장하시면 [모든 대화가] 무력
해지고 만다. 우리 나라에 있는 [기록이 나타내]듯이 [쓰시마도 역시]
확실한 증가를 기록하여, 호우키에서 일본인이 [섬에] 건너가지 않도
록 [호우키 번주에게] 알리는 서간을 기록하여 주시면 어떠하겠는가.
그와 같은 일을 즉시라도 동무에 물으면, 이것은 성신의

儀ニ候間嶋を御返シ可被成与可有之候若又御了簡御座候而被仰下儀も
有之候者其時之仰ニよつて申上様可有之与此通ニ都之相談決定仕候然
共御書簡ニハ唯蔚陵嶋之文字差除候へと斗有之訳官口上者相違ニ候故
委返簡難仕候間御持戻り被成候か飛船ニ而御返し御書込被成候かと申
候へ共無御承引候之故御口上書被成御渡シ被成候様申候得共是も難被
成与

ことであるから[日本の御公儀は]島をお返しになることであろう。も
し又、御意見があり[御公儀から]仰せ下さることが有れば、その時の
仰せによって、またその折の[こちらからの]申し上げ様もある[と言
うものである。]このような事に都の相談は決定致しておりました。
しかしながら[今回の]御書簡には唯、蔚陵嶋の文字を差し除くように
とばかりが有りました。[そのような理由の無い漠然とした御書簡で
は]訳官の口上によっては[御趣旨が]相違することになりますので、
委しい返答の書簡を下すことは出来ません。それゆえ御持ち戻りに
成るか、飛船にて[御国へ]引き返し[改めて詳しい理由を]御書き込み
に成られるか、そのいずれかになさってはと申し上げました。だが
御承引もありませんでした。それゆえ御口上書にして御渡し下さい
と申し上げました。だが、これも出来ないと

일이기 때문에 [일본의 장군은] 섬을 돌려주시게 될 것이다. 혹시 또
의견이 있어, [장군이] 명을 내리는 일이 있으면, 그때의 명령에 따라,
또 그때에 [우리들이] 말씀드릴 수도 있다[고 말하는 것이다.] 이러한
일로 도성의 상담은 결정되어 있었습니다. 그러나 [이번의] 서간에는

그저, 울릉도 문자를 삭제하도록 하라고만 있었습니다. [그와 같이 이유도 없이 막연한 서간으로는] 역관의 말에 의하면 [취지가] 다르기 때문에, 자세한 반답의 서간을 내리는 일을 할 수 없습니다. 그렇기 때문에 가지고 돌아가거나, 비선으로 [귀국으로] 돌아가 [다시 자세한 이유를] 기입하든가, 그 어느쪽을 택하면 어떻겠는가라고 말씀드렸습니다. 그러나 받아들이지 않았습니다. 그렇기 때문에 구상서로 해서 건네달라고 말씀드렸습니다. 그러나 이것도 할 수 없다고

被仰聞候然者茶礼之節御口上ニ而慥ニ被仰聞候へと接慰官被申候儀右
之通之相談ニ相極り朝廷方より接慰官江被申渡候御両人御内意被仰聞
候趣得与承候へハ又々被仰渡候儀其様子も可有之事与存候何事も御
相談被成御心入ニ而御座候者又仕様も有之間敷儀ニ而無御座候蔚陵嶋
之文字除候事右之相談決定之通ニ候へハ決而不罷成儀ニ候其外之書様
にて

おっしゃられました。そうであるならば茶礼の節に、御口上にて、
確かな所をお話し下さいと、そのように接慰官は申されておられま
す。[ともかくも]右の通りの相談に相決まり、朝廷方から接慰官へ
[御方針を示す]申し渡しがございました。その上の事で[裁判の八右
衛門殿と都船主の番柳左衛門殿]御両人の御内意を[こうして]お聞か
せ頂き、その御趣旨を、しっかりと承りました。そして又々[対馬か
ら]申し入れのある[御書簡]が[今回]渡って参りました。その記す様子
も、このようなことであろうかと承知いたしております。何事も御
相談に成られ[色々と]御心遣いの上でのことでございますので[私ど
もも]お仕えして[お役に立つような働きを]することも出来ないわけ
ではございません。[しかしながら]蔚陵嶋の文字を取り除く事は、右
の相談が[そのような朝廷方の]決定の通りでございますので、決して
罷り成らぬことでございます。だがその外の書き様によっては、

말씀하셨습니다. 그렇다면 차례를 행할 때, 구상으로 분명한 것을 말
하여 주세요라고, 그렇게 접위관이 말씀하시고 계십니다. [어쨌든] 위
와 같이 회담에서 정해져, 조정 측에서 접위관에게 [방침을 알리는]

말을 전하는 일이 있었습니다. 그러한 상황에서 [제판 하치에몬과 도선주 반 야나기지에몬] 두 사람의 비밀을 [이렇게] 듣고, 그 취지를 분명히 들었습니다. 그리고 또 [쓰시마에서] 요구가 있는 [서간]이 [이번에] 건너왔습니다. 그 기록한 내용도, 이와 같은 것일까라고 생각하고 있습니다. 어떤 일이라도 상의하시어 [여러 가지로] 생각한 뒤의 일이므로 [우리들도] 종사하여 [보탬이 될 것 같은 일을] 하는 것도 할 수 없는 것은 아닙니다. [그러나] 울릉도 문자를 삭제하는 일은, 위의 상담이 [조정 측이] 결정한 대로이기 때문에 절대로 안 되는 일입니다. 그러나 그 외의 기록내용 따라서는,

東武^江被差上冝様^二ハ何分^二も相談可成事^二候唯今下書成とも被成被下
候へ得与接慰官東莱^江申達両人より能様被致注進候ハ、冝相調由申^二
付委く承届候両人懇^二申聞候趣聞捨にも難成候之間正官使^江可申達由
申候而八右衛門柳左衛門正官方^江参右之通申聞候付致返答候者両人内
意之趣具^二御承知候今度之儀者下^二而何角与申儀^二而も無之如何程^二

東武へ[御書面を]差し上げられて、冝しい様に取り計らうことは、い
くらでも相談に成る事でございます。唯今[早速]下書きでよいので、
そのようになさって[おしたため]下さい。直ぐに接慰官および東莱府
使へ申し伝えます。この両人から能いように[都に]注進致しますの
で、冝しいように[この交渉を]相調えることができます。このように
両訳官が申すので、それを委しく承った。この両訳官が懇ろに話し
た内容は、そのまま聞き捨てにするわけにもいかなかったので、正
官へ伝えるからと言って、八右衛門と柳左衛門が正官方へ参上し
た。右の通りに申し上げたところ[正官が]返答したことは、両訳官の
話す内意の趣旨は具に承知した。だが今度のことは、下僚の者たち
が兎角何か申しても、解決の付くようなものでは無い。どのように

동무에 [서면을] 올리셔서 잘 되도록 주선하는 일은, 얼마든지 상의할
수 있는 일입니다. 지금 바로 [서둘러] 초안이라도 좋으니, 그렇게 하
시어 [기록하여] 주세요. 바로 접위관 및 동래부사에게 전하겠습니다.
이 두 사람이 좋게 [도성에] 주진하기 때문에, 좋도록 [이 교섭을] 조
절할 수 있습니다. 이렇게 두 역관이 말하기 때문에, 그것을 자세히
들었다. 두 역관이 간절히 이야기한 내용은, 그대로 듣고 버릴 수도

없었기 때문에, 정관에게 전하겠다고 말하고, 하치에몬과 야나기자에
몬이 정관 측을 찾아갔다. 위와 같이 말씀드렸더니 [정관이] 반답한
것은, 두 역관이 이야기한 내의의 취지는 잘 알았다. 그러나 이번의
일은, 하료의 사람들이 이러쿵 저러쿵 이야기해도, 해결될 만한 것은
없다. 어떻게

存候而も相届儀ニ而無之候得共両人其心入ニ候ヘハ珎重ニ候今度之儀蔚
陵嶋之文字被除候得者其返翰早速請取翌日ニ而茂致帰国事ニ候左も無
之御返簡ニ候ヘハ縦御書面宜与我等存候而も江戸対馬守殿^江不伺候而
者難請取候日和ニより何十日掛り可申も難斗事ニ候間両判事肝煎ニ而罷
成儀ニ候ハ、早々都より御返簡下書到来候様精出し候ヘ御紙面此方よ
り望儀ニ而毛頭無之候増而

[彼らが良く]理解していようと、それを[正しく都表へ]届けること
は、容易なことでは無い。しかし両訳官の心づかいについては、感
謝をする。今度のことは、蔚陵嶋の文字さえ除かれれば、その御返
翰を早速請け取り、翌日にも帰国するつもりである。そのような[蔚
陵嶋の文字が]除かれていない御返翰であるから、たとえどのように
御書面が宜しいものだと我等が承知しても、江戸の対馬守殿へ伺い
を立て[御了解を取らないと、そのような御書簡は]請け取ることができ
きない。[江戸までの往復は]日和によっては何十日も掛かるし、その
[御了解があるかどうかも]斗り難い事である。両判事が斡旋をして、
この事が処理できるようであれば、早々に都から御返簡の下書きが
到来するよう、精いっぱい努力をして貰いたい。その御紙面につい
ては[蔚陵嶋の文字を除くこと以外]こちらから[あれこれと]望むよう
なことは毛頭無い。増してや

[그들이 잘] 이해하고 있다 해도, 그것을 [바르게 도성에] 전달하는
것은 용이한 일이 아니다. 그러나 양 역관이 신경을 쓰는 것에 대해
서는 감사한다. 이번의 일은 울릉도라는 문자만 삭제하면, 그 반한을

바로 받아 다음 날이라도 귀국할 예정이다. 그와 같은 [울릉도라는 문자가] 삭제되지 않은 반한이므로, 설사 아무리 서면이 좋은 것이라고 우리들이 이해한다 해도, 에도에 있는 쓰시마노카미 님에게 여쭈어 [양해를 받지 않으면 그러한 서간은] 받을 수가 없다. [에도까지의 왕복은] 천기에 따라 몇십일이나 걸리고, 그 [이해가 있을지 어쩔지도] 헤아리기 어려운 일이다. 양 판사가 알선하여, 이 일을 처리할 수가 있으면 빨리 도성에서 반답의 초벌이 도래할 수 있도록, 정성껏 노력하여 주었으면 한다. 그 지면에 대해서는 [울릉도를 삭제하는 것 이외는] 이쪽에서 [이것저것] 원하는 것은 추호도 없다. 특별히

存寄無之候東武首尾能様ニ与之心入ニ候ハ、認様其元ニ而可有了簡事ニ
候只下書早々下り候儀専一ニ候乍然対馬守殿了簡有之ハ幾重ニも直シ可
申与之朝廷方御心入ニ而無之候得者相談無益事ニ候両人働者ヶ様之儀ニ
候間肝煎候へと正官人返答之趣両判事江申渡シ其上ニ而八右衛門柳左衛
門挨拶ニ正官人ハ

思い付くような[文言の]事例も無い。東武の首尾が能い様にと、ただ
それだけの心入れである。それゆえ文のしたため方は、そちらで御
思案なさるべきであろう。只、下書きを早々に下していただくこと
が、先ず以て第一である。しかしながら[御誠信の儀として]対馬守殿
に御考えが有れば、幾重にもお直しすると[そのようなお申し出を、
しばしば、お話しになるが、実際のところ、そのような]朝廷方の御
心づかいなどは無いに等しい。だから[そのような御返簡の修正の]相
談をしても無益の事である。両人の働きは[朝廷方が]このようなこと
であるから[無意味になっているが、それでも精一杯努力して]斡旋を
して貰いたい。そのような正官の返答の趣旨を両判事へ申し伝え
た。その上で、八右衛門と柳左衛門は答弁として、正官が

생각해야 하는 [문언의] 사례도 없다. 동무의 상황이 좋도록 하는, 그
저 그것만을 생각하고 있다. 그렇기 때문에 문장을 기록하는 방법은,
그쪽에서 생각해야 할 것이다. 다만, 초안을 빨리 받는 것이, 우선 먼
저의 일이다. 그러나 [성신의 의례로] 쓰시마노카미 님에게 생각이 있
으면, 몇 번이고 고치겠다고 [그러한 말씀을, 자주 말씀하시는데, 실
제로는, 그와 같은] 조정 측의 배려 같은 것은 없는 것과 같다. 그러므

로 [그와 같은 반한의 수정을] 상의해도 무익한 일이다. 두 사람의 활동은 [조정 측이] 이와 같기 때문에 [무의미하게 되었으나, 그래도 정성껏 노력하여] 알선해 주길 바란다. 그와 같은 정관의 답의 취지를 양 판사에게 전했다. 그런 후에 하치에몬과 야나기자에몬은 답변으로 해서, 정관이

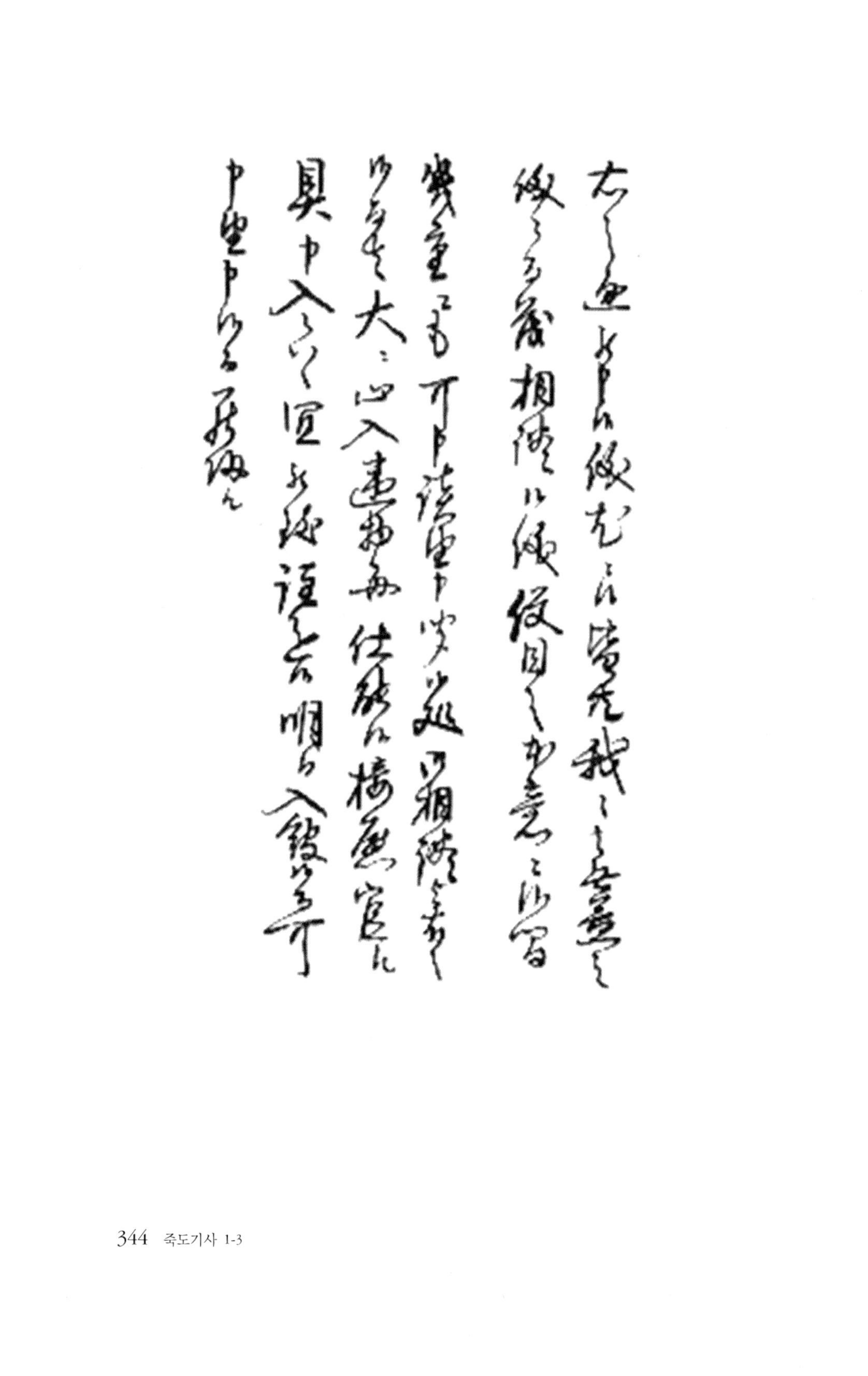

右之通被申候儀尤〻候皆共我々者無益之儀〻而茂相談候儀役目之本意〻
候間幾重〻も可申談由申聞候処御相談与有之候而者大〻心入違物毎仕
能候接慰官江具申入候ハ、宜被致注進候明日入館候而可申由申候而罷
帰候

右の通りに申された事は尤もものことであるが、我々[下僚]は、皆同じ
ように、たとえ無益の事であっても、常に相談を行っている。それ
が役目として最も大切な所だからである。何度でも相談を行うつも
りであるし、申し入れも聞くつもりである。そのような御相談が
有ってこそ[互いに]大いに考え方の違うものが、それぞれに[語り合
われ、成り難いものも]能く[処理できるように]なるのであると。そ
して接慰官へ具に御報告なさる折には、宜しく御注進を致して下さ
いと[そのように両人に語り掛けた。すると両人は]明日また入館いた
しますので、またお話し申しましょうと言って、帰っていった。

위와 같이 말씀하신 것은 당연한 일이지만, 우리들 [하료]는, 모두 다
같이, 가령 무익한 일이라 해도 항상 상의하고 있습니다. 그것이 역할
로서 가장 중요한 일이기 때문이다. 몇 번이라도 상담을 행할 생각이
고 요구도 들을 생각이다. 그와 같은 상담이 있어야 비로소 [서로] 크
게 다른 생각이, 그것들이 [이야기되어, 이루어지기 어려운 것도] 좋
게 [처리될 수 있도록] 되는 것이라 했다. 그리고 접위관에게 자세히
보고할 때는 좋게 주진하여 주세요라고 [그렇게 두 사람에게 이야기
했다. 그러자 두 사람은] 내일 다시 입관하니까 또 이야기합시다라고
말하고 돌아갔다.

【참고자료】

【조선의 정권교대】

　당시 조선에서는 당쟁이 치열하게 벌어지고 있었다. 거슬러 올라가자면, 세조(1417~1468)의 즉위(癸酉靖難)에 관계한 훈구파(공신 및 외적일파)와 사림파(신흥의 과거관료 일파)의 주도권 다툼이 있어, 사림파가 점차로 세력을 확대하고 있다는 사정이 있다. 그 후 16세기 말에 사림파는 동인파와 서인파로 갈라져 대립과 투쟁을 반복했다. 동인파는 그 후 북인파와 남인파로 분열하고 서인파는 노론파와 소론파로 분열했다. 이것을 사색당파라고 한다.

　숙종이 즉위한 해(1674)에 정권을 쥐고 있던 것은 남인파였다. 이 남인파 정권은 숙종 원(1675)년에 서인파의 영수 송시열이나 김수항 등을 유죄에 처하여 자신들의 정권기반을 굳혔다. 그러나 숙종 6(1680)년에 서인파가 역습하여 남인파의 영수 허적(당시의 영의정)을 추방하는 일에 성공한다. 허견(허작의 아들)의 모반을 구실로 하여 정변(경신환국)을 달성했다. 허적 이하 많은 남인파 요인을 사형에 처했다. 형을 받은 서인파의 면면이 다시 권력의 좌로 복귀한다. 이리하여 정권을 쥔 서인파였으나 내부에서 권력투쟁이 시작되었다. 남인파에게 강경한 자세를 취한 노론파(송시열, 김수항 등)와 온건한 자세를 취한 소론파(윤증、남구만、박세채 등)로 분열하여, 이 노론 중심의 정권이 성립했다. 그러나 숙종 15(1689)년에 세자(모는 희원 장씨) 책봉문제가 생겨, 책봉의 시기상조론을 주장한 서인파의 영수 송시열이 다시 실각하고 영의정 김수항이 파면되어, 서인파(노론파) 정권이 붕괴했다. 희원 장씨와 결탁한 남인파가 이를 대신하여 다시 정권의 좌에 올랐다. 영의정에 권대운, 좌의정에 목래선, 그리고 우의정에 민암이라는 포진이다. 그 정변(기사환국)으로 권력을 쥔 남인파는 서인파를 보복하고 처벌한다. 송시열이나 김수항 등은 사형에 처하고, 많은 서인파는 유죄에 처했다. 왕비 민씨도 폐했다. 그러나 숙종 20(1694)년에 우의정 민암이 서인파가 일으킨 폐비 민씨의 복위운동을 적발하여, 다시 서인파를 숙정하는 대옥을 일으키려고 했다. 이 시기에 희원 장씨(경종의 모)에서 숙원 최씨(영조의 모)에게 총애가 옮겨갔기 때문에, 장씨와 결탁한 남인파의 세력증강을, 숙종은 더 이상 원하지 않았다. 숙종은 결속한 서인파의 편을 들어, 결국 남인파 정권은 붕괴했다. 이 정변(갑술환국)으로 등장한 것이 서인파(소론파)이다. 영의정에 남구만 좌의정에 박세채, 우의정에 윤지완이 취임하여 폐비 민씨를 복위시켰다.

숙종시대의 정변의 추이

숙종6(1680)년 경신환국으로 남인파가 실각하고 서인파가 집권

숙종15(1689)년 기사환국으로 서인파가 실각하고 남인파가 집권

숙종20(1694)년에 갑술환국으로 남인파가 실각하고 소론파가 집권

죽도일건의 전후를 보면, 정권은 서인파(노론파)에서 남인파(로, 그리고 서인파(소론파)로 바뀌어 간다. 그때마다 정권은 크게 흔들렸다. 원록 7년은 조선에서 말하는 숙종 22(1694)년이다. 이 4월에 정변(갑술환국)이 일어났으므로, 그것은 제1차 교섭과 제2차 교섭 의 중간 시기였다. 정변 후의 제2차 교섭은 당연히 제1차 교섭과 다른 대응이었다. 이 소론파 정권은 남인파정권의 제1차 교섭에 비판적이었다.

융화적으로 대응하며 「섬의 쟁론」에 소극적이었던 외교방침은, 그런 연유로 완전히 뒤집혔다. 남인파 정권이 실현하려 했던 애매모호한 해결책은 여기서 일전하여, 울릉도를 조선의 배타적 영토로 하여, 일본에게 인정시킬 방침으로 전환했다. 그와 같은 제2차 교섭이 소론파 정권에 의해 시작되었다(大西俊輝저, 權靜역 "安龍福과 元禄覚書").

(21-08)

- 同八日両馳走訳入館都船主裁判同道ニ而正官方ㇷ罷出候付対面之
  上正官申達候ハ昨日裁判都船主ㇷ咄仕候内意之趣具ニ聞届候其節
  返答申遣候様内所向之事ニ候者幾重ニも相談仕様も可有之事ニ

(21-08)

- 八月八日、両馳走訳が入館してきた。二人に都船主と裁判が同
  道し、正官方へ罷り出た。そこで対面の上、正官が申し伝えた
  ことは、昨日、裁判と都船主に話してくれた内々の御趣旨は具
  に聞いた。その節に返答を申し遣したように、内所向きの事で
  あれば、何度でも相談を行うつもりはあるが

(21-08)

- 8월 8일에 양 치주역이 입관했다. 두사람을 도선주와 재판이 안
  내하여, 정관이 있는 곳으로 갔다. 그곳에서 대면하고, 정관이 말
  로 전한 것은, 어제, 재판과 도선주에게 이야기해 준 은밀한 이
  야기의 취지를 자세히 들었다. 그때에 반답으로 말하여 보냈듯
  이, 비밀스런 일이라면 몇 번이고 상담할 생각은 있으나,

候得共繕かましき儀還而不宜事候今度之儀下〻而何角与申談〻而無之
候裁判何茂内談〻者唯真直成儀を以早速埒明候儀何茂之働〻候乍然首
尾宜様皆共偏〻存入候段尤〻候其心入〻候得者此方茂同前〻候東武之首
尾不宜候而ハ朝鮮之為悪敷通交之道少も無障様被存

[本質的なことは差し置いて、表面だけを]繕い置くような処理では、
かえって宜しく無い結果を招く。今度のことは、下々に於いて何と
か処理できるような話では無い。裁判は、いずれの場合にも、その
内談に於いては、ただ真っ正直な話を以て[やりとりをするので]早
速、物事が片づくことになる。それがいつもの働きである。然しな
がら[今回はそうではない。]首尾の宜しい様に収まっていくことは、
皆共が偏えに望んでいることであり、まことに尤もなことである。
そのような心づかいについて言えば、こちらも同前のことである。
東武への首尾が宜しくなければ、結局、朝鮮の為にも悪敷き通交の
道となってしまう。[両国にとって]少しも障りの無い様にと望み

[본질적인 일은 제쳐두고 표면만을] 고쳐두는 것과 같은 처리로는, 오
히려 좋지 않은 결과를 부른다. 이번의 일은 아래에서 어떻게 처리할
수 있는 이야기가 아니다. 재판은 어떤 경우에도, 그 내담에서는, 오
직 정직한 이야기를 [주고받기 때문에] 신속하게 일이 정리되게 된다.
그것이 일반적인 움직임이다. 그런데도 [이번에는 그렇지 않다.] 상황
이 좋게 수습되는 것은 모두가 같이 바라고 있는 일이고 당연한 일이
다. 그와 같은 바람에 대해 말하자면 우리 측도 마찬가지다. 동무에
대한 상황이 좋지 않으면 결국, 조선을 위해서도 나쁜 통교의 길이
되고 만다. [양국에] 조금도 지장이 없기를 바라며

被申越候趣両人能合点候由〓候其通朝廷方思召入下書をも被差越対馬守
殿〓御相談之御心入〓候者長久之本〓候朴同知儀者最初より取次之事〓候
へハ別而存入可有之事〓候与申聞候処御相談之御心入〓御座候ハ、、朝廷
方も心入違申事候接慰官東莱〓可申入由返答〓申聞候

[この度、対馬から]申し伝えた趣旨について、両人は能く合点なさっ
ておられる様子である。その通りに朝廷方も、お考えになり[新たな
返翰の]下書きを[こちらに]差し遣わし、対馬守殿へ御相談の御心づ
かいをなさるならば[友誼交流の]長久の基本となるであろう。朴同知
は最初から[この件に関し]取り次ぎの役を担って来たから、特別に承
知していることと思うのだがと、このように語り掛けると[朴同知は]
御相談なさるその御心づかいには[感謝を申し上げます。]朝廷方にも
心づかいが有りますが[そこには少しばかり対馬の側とは]違いが有る
ことを[この際]申し添えておきます。また接慰官と東莱府使へは[正
官殿のお話し下さったことを]申し伝えますと、このように返答して
きた。

[이번에 쓰시마에서] 전해온 취지에 대해, 두 사람은 잘 이해하고 계
시는 것 같다. 그처럼 조정 측도 생각하시고 [새로운 반한의] 초안을
[우리에게] 보내어, 쓰시마노카미님에게 상담하는 배려를 하신다면
[우의 교류가] 장구해지는 기본이 될 것이다. 박동지는 처음부터 [이
건에 관하여] 주선하는 역을 맡아 왔으므로 특별히 이해하고 있는 일
이라고 생각하지만, 이라고 말했다. 이렇게 말을 걸자 [박동지는] 상
담하시는 그 배려에는 [감사의 말씀을 드립니다.] 조정 쪽에서도 마음

을 쓰는 일이 있습니다만 [그것에는 쓰시마 측과는 약간] 다른 것이
있다는 것을 [이참에] 말씀드려 두겠습니다. 또 접위관과 동래부사에
게는 [정관님이 말씀해 주신 것을] 전하겠습니다 라고, 이와 같이 반
답했다.

(21-09)

- 昨日裁判より被仰聞候御用向茶礼以後御平座候而可被仰越旨接
  慰官東莱[江]申達被相心得候東莱者交代之儀申来候得共今度御用向
  各別[二]候間接待被罷

(21-09)

- [両訳官が申すには]昨日裁判から仰せ聞かされた御用向きは、茶
  礼の後、平座になって話し合うことでございました。その旨を
  接慰官と東莱府使へ申し伝え、心得ていただきました。東莱府
  使は交代の時期にあり[その通知が都から]来たのですが、今度の
  御用向きは各別のことであるので[今しばらく残り]接待の儀には

(21-09)

- [양 역관이 말하기를] 어제 재판한테 명받은 용건은, 차례 후에
  평좌로 대화하는 것이었습니다. 그 뜻을 접위관과 동래부사에게
  전하여 양해를 받았습니다. 동래부사는 교대하는 시기로 [그 통
  지가 도성에서] 왔습니다만, 이번의 용건은 각별한 것이므로 [잠
  시 동안 남아서] 접대의 의례에는

罷出候へと都より之差図ニ而弥明日被罷出筈之由申聞ヶ暫挨拶候而帰
掛両判事裁判宅江立寄昨日も申候様諸事御相談不申候而不叶儀ニ候思召
寄下書ニ而も被成被下候ハヽ冝様接慰官東莱江相談可仕旨申候付此方よ
り下書与申儀不存寄儀ニ候増而思寄有之とて役ニ立候事にても無之候左
程ニ存儀ニ候ハヽ接慰官東莱江相談候而下書仕為見候ハヽ何とそ

罷り出るようにと、都からの差図がございました。そこで、いよい
よ明日、罷り出られる筈とのことを聞きました。そのような挨拶[の
言葉]が暫くあり、その帰り掛けに両判事は裁判宅へ立ち寄り[さらに
話し掛けて来た。]昨日も申した様に、諸事を御相談申し上げなけれ
ば[役向きとしては]叶わぬことでございます。お考えにあることを下
書きにして[私共に]下して頂ければ宜しいことでございます。[その
下書きを以て]接慰官や東莱府使へ相談なさってはというような趣旨
を申し述べて来た。そこで、こちらから下書きなどと言うようなこ
とは思いも寄らぬことである。ましてや、たとえ考えるところが
有ったにせよ、役に立つようなことにはならない。それ程に思うこ
とであれば、接慰官や東莱府使に相談して[そちらで]下書きをしたた
めて見てはどうか。そうなれば何とか

나가도록 하라는, 도성의 지시가 있었습니다. 그래서 결국 내일 나오
실 것이라는 이야기를 들었습니다. 그러한 인사[의 말]을 잠시 나누고
돌아가는 길에 두 판사는 재판댁에 들러 [다시 이야기를 했다.] 어제
다 말씀드렸듯이, 모든 일을 상담하지 않으면 [역할을 담당한 자로서]
안 되는 일입니다. 생각하시는 것을 초안으로 해서 [우리들에게] 맡겨

주시면 되는 일입니다. [그 초안을 가지고] 접위관이나 동래부사와 상
담하여 [그쪽에서] 초안을 써보면 어떨까요. 그렇다면 어떻게

存寄相談仕儀も可有之哉与両人返答申候処　如何ニも相心得候罷帰相
談候而書付明朝早々宴席前両人可致持参旨挨拶候而扨昨日も申候通
一嶋二名之儀無之ニ付而難致返簡候間此書簡不請取候之様朝廷方より
接慰官江被申渡候付明日之茶礼御書簡請取候儀難成候其間者請置右之
注進ニ而都之相談変宜申来候ハ丶其節可差登候

思う所を相談できるかもしれない。このように両人に返事をした。
すると如何にも相心得ました。罷り帰って相談いたし、そのような
書き付けを、明朝の早々、宴席の前に両人が持参致しましょうと、
そのような応対であった。さてまた、昨日も申した通り、一島二名
という御考えが無ければ、それでは返翰は致し難いとのこと[それゆ
え]この書簡は受け取らぬようにと、朝廷方から接慰官へ申し渡され
ているとのことであった。だから明日の茶礼では[接慰官は正官から
の]御書簡を受け取ることはできないとのことであった。当座の間は
預かり置き、右の注進によって、都の相談が変り[受け取って]宜しい
となれば、その節には[預かり置いた御書簡を、改めて都へ]差し登ら
せることになる。そのようなことであった。

생각하는 것을 상담할 수 있을지도 모릅니다. 이렇게 두 사람(판사)에
게 답했다. 그러자 잘 알았습니다. 돌아가서 상담하여 그와 같은 서부
를 내일 아침 일찍, 연석 전에 양인이 지참하겠습니다라고, 그렇게 대
응했다. 그런데 또, 어제도 말씀드렸듯이 1도 2명이라는 생각이 없으
면, 그렇다면 반한은 하기 어렵다고 하는 것으로, [그렇기 때문에] 이
서한은 받지 말도록 하라고, 조정 측이 접위관에게 명했다는 것이다.

그러므로 내일 차례에서 [접위관은 정관이 주는] 서간을 수취할 수 없다는 것이었다. 그 자리에서는 맡아 두고, 위의 주진으로 도성의 상담이 변하여 [수취해도] 좋다고 하면, 그때는 [맡아 두었던 서간을 다시 도성에] 바치는 것으로 한다. 그와 같은 일이었다.

又右之相談違変不仕候ハヽ、兎角不時之接待成共仕一嶋二二名二極而被
思召候与之儀承御書簡可差登候与接慰官被申候由申二付左様之無十方
事を接慰官被申候とて此方江申聞ル物二而候哉増而正官人江取次申儀不
存寄事二候書簡不渡茶礼斗可相調与正官人可被申か請置可申与申儀如
何様之儀二而

又、右の相談によっても[朝廷の見解に]変化がなければ、兎も角も、
不時の接待として[儀式のみを執り]行っただけとなり、一島に二名と
いう考え方に[立ち、竹嶋は朝鮮国の蔚陵島であることに]決定した
と、そのように御理解をいただきたい。[取り敢えず]御書簡を[預か
り置き、その旨を都へ報告として]上げたいと、接慰官は申していま
した。このように両訳官は伝えてきた。そのような途方も無い事を
[たとえ]接慰官が申されたとて[それをそのまま訳官たちが]こちらへ
申し聞かせるような事が[果たしてあってよいもので]あろうか。まし
てや、それを正官へ取り次ぐなどということは、思いも寄らぬこと
である。書簡は渡らず、茶礼ばかりが相調ったなどと、どうして正
官に申し上げることができようか。また預かり置くと言うのは[果た
して]如何様のことを指すのであろうか。

또 위의 상담에 따라 [조정의 견해에] 변화가 없으면, 어찌되었든, 불
시의 접대로 해서 [의식만을 집]행한 것이 되어, 1도 2명이라고 하는
사고에 [입각하여, 죽도는 조선국의 울릉도라는 것으로] 결정했다고,
그처럼 이해하여 주었으면 한다. [일단] 서간을 [맡아두고, 그 뜻을 도
성에 보고로 해서] 올리고 싶다고 접위관이 말하고 있었습니다. 이처

럼 양 역관이 전해왔다. 그와 같은 어처구니 없는 일을 [설령] 접위관이 말했다 해서 [그것을 그대로 역관들이] 우리들에게 들려주는 것과 같은 일이 [과연 있어서 될] 일인가. 그것도 정관에게 주선해달라고 말하는 것은 생각도 할 수 없는 일이다. 서간은 건네지 않고, 차례만을 준비했다는 등, 어떻게 정관에게 말씀드릴 수 있다는 것인가. 또 맡아 둔다고 말하는 것은 [과연] 어떠한 일을 의미하는 것일까.

候哉書簡請取候ハ、請置候共則可差登とも其段ハ其元内証之儀ニ候へ
ハ此方構事ニ而無之候接待之場ニ而接慰官書簡請取間敷与被申候とて
不相渡差置可申哉不埒成儀申出ゞ大事出来可申由都船主裁判強申聞候
へハ被仰聞候趣致合点候此方ニ而仕様可有之由ニ而罷帰

(すのであろうか。)書簡を受け取ったならば、それを[手元に]預かり
置こうが[都へ]差し上げようが、いずれにせよ、そのようなことは、
そちらの内々の事情によることである。こちらが関わる事では無
い。接待の場に於いて、接慰官が書簡を受け取らないからといっ
て、渡らぬまま[書簡を]その場に残し置く[ような事態は、果たし
て、いかがなものであろうか。]不埒であるとの[激高の発言が飛び出
し、紛糾し、いよいよ]大事に至ってしまう。このように都船主や裁
判が、強く申し伝えたので、そのような趣旨をよく聞き取り[両訳官
は]了解してくれた。また[明日の儀式について、その段取りを語り]
こちらの勤仕する様子は、こうあって欲しいとの事柄を[こちらに申
し]伝え[彼らは]罷り帰った。

(의미하는 것일까.) 서간을 수취하면, 그것을 [자기개] 맡아두든지 [도
성에] 올리든지 어떻게 하든, 그 같은 일은, 그쪽 내부의 사정에 따르
는 일이다. 이쪽이 상관할 일이 아니다. 접대 장소에서 접위관이 서간
을 수취하지 않는다고 해서 건네지 않은 채 [서간을] 그 자리에 남겨
두는 [것과 같은 사태는, 과연 어떠한 일일까.] 괘씸하다고 [격분하는
발언이 튀어 나오고, 분규하여, 드디어] 큰일이 나고 만다. 이렇게 도
선주와 재판이 강하게 전했기 때문에, 그와 같은 취지를 잘 듣고 [양

역관은] 이해하여 주었다. 또 [내일의 의식에 대해서, 그 준비를 이야
기하여] 이쪽이 취해야 할 일은, 이렇게 해주었으면 좋겠다는 내용을
[우리에게 이야기하여] 전하고 [그들은] 돌아갔다.

日九日〳〵朔夢礼古扑□知扑今〱〱戴刘

宅〳気哫夜卜清氐做表文撹歴官

辛□亦亦体以依今朝可卜入〱〱庭四事歳

(21-10)

- 同九日之朝茶礼前朴同知朴僉知裁判宅ニ参昨夜申談候儀夜更接慰
  官東莱被休候付今朝可申入与存御用茂

(21-10)

- 同九日の朝、茶礼の前に、朴同知と朴僉知とが裁判宅へ参り[報
  告があった。]昨夜申し談じたことを、夜更けではあったが、接
  慰官と東莱府使に伝えようとした。だが、もう就寝しておられ
  たので、今朝申し入れようと思い、また別途の御用も

(21-10)

- 동 9일의 아침에, 차례가 열리기 전에 박동지와 박첨지가 재판댁
  에 들려서 하는 [보고가 있었다.] 어젯밤에 말씀드린 것을, 밤이
  늦었지만, 접위관과 동래부사에게 전하려고 했다. 그러나 이미
  취침하고 계셨기 때문에, 오늘 아침에 말씀드리려고 생각하고,
  또 다른 용무도

有之間早く坂之下〓御越被成候へと東莱〓申遣候処常より早く被相越
候故坂之下〓而疾与申談候へハ大切之儀を爰元〓而下書なと仕儀不存
寄事〓候何茂被仰聞御心入〓候者諸事冝相済旨接慰官被申候由

有ったので、早朝に坂之下まで御越し下さいと、東莱府に伝えてお
いた。すると常よりも早く御越し下さった。そこで坂之下にて[下書
きの件を]じっくりとお話し申し上げたところ、そのような大切のこ
とを[朝廷に図らず]自分たちだけで、下書きとして、したためる事な
ど、思いも寄らぬことである。いずれにしても[内々のことを]お聞か
せ下さり、御心づかいのあることが分かったので、諸事宜しく相済
むことであろう。そのように接慰官は申しておられた。そのように
両訳官が申し伝えてきた。

있었기 때문에 이른 아침에 사카노시타까지 넘어와 주세요라고, 동래
부에 전해 두었다. 그러자 보통때보다 빨리 넘어오셨다. 그래서 사카
노시타에서 [초안의 건을] 차분히 말씀드렸더니, 그와 같이 중요한 일
을 [조정과 상의 없이] 자신들이 초안으로 해서 기록하는 일 따위는
생각도 할 수 없는 일이다. 어찌되었든 [내부의 일을] 들려 주셔서, 마
음을 써주신 것을 알았으므로, 여러 가지 일이 잘 끝날 것이다. 그렇
게 접위관이 말씀하셨다. 그와 같이 양 역관이 전해 왔다.

申ニ付裁判返答ニ尤之儀ニ候縦下書持参候而も左様之儀我々申請候事至
而大切成事ニ候故持参候共披見申間敷与昨夜より各々思案相極置候処
一段ニ候由申聞候

これに就いては、裁判の返答にも、それは尤ものことである。たと
え下書きを持参されても、そのようなことは、我々だけで議論でき
るものではない。至って大切な事であるので、持参されても、それ
を拝見して、意見すら申し上げることもできない。そのようなこと
を昨夜から[こちらでも]各々で思案していたところである。それゆえ
[下書きを持参されなかったことは]一段と良いことであったと、その
ように申し聞かせた。

이것에 대해서는, 재판의 반답에도, 그것은 당연한 일이다. 가령 초안
을 지참해도, 그와 같은 일은, 우리들이 의논할 수 있는 일이 아니다.
아주 중요한 일이기 때문에 지참해도, 그것을 배견하고 의견조차 말
씀드릴 수 없다. 그와 같은 일을 어젯밤부터 [우리들도] 여러 가지로
생각하고 있었던 참이다. 그렇기 때문에 [초안을 지참하지 않은 것은]
더욱 잘된 일이었다라고, 그렇게 말해 주었다.

(21-11)

- 大廳ニ而接慰官東莱江御使者より論談之次第左ニ記之

(21-11)

- 大廳にて、接慰官および東莱府使へ、御使者[たる多田与左衛門]から論談があった。その次第を左に記す。

(21-11)

- 대청에서 접위관 및 동래부사에게, 사자[인 타다 요자에몬]이 논담을 했다. 그 내용을 아래에 기록한다.

【참고자료】

장희빈과 울릉도와 독도

　1694년에 남인 민암이 파직당하고 권대운 목내선 등이 유배당하고, 소론인 남구만・박세채・윤지완 등이 등용되어, 장씨가 희빈으로 강등되는 갑술옥사가 있었다. 많은 요인이 있고 과정이 있었을 것이나, 이 사건의 중심에는 장희빈이 위치하고 있었다. 만일 장희빈을 중심으로 하는 갑술옥사가 일어나지 않았다면, 현재의 우리에게는 독도문제가 존재하지 않게 되었을 것이다. 그것은 독도는커녕 울릉도마저 일본령이 되어 있을 가능성이 많았기 때문이다. 현재의 일본은 세계의 평화를 위하고, 세계의 평화를 위해서는 노력을 아끼지 않겠다는 말을 반복한다. 그러면서도 1905년의 침략행위에서 독도에 대한 역사적 정통성을 구하고 있다. 그런 일이 17세기 후반에도 있었는데, 그때는 임진왜란에서 정통성을 구하며 울릉도(일본은 의죽도, 죽도라 칭했다)의 영유권을 주장하고 있었다. 그런 일본의 주장에 접하자, 당시의 좌의정 목래선과 우의정 민암은 접위관이 되어 동래부로 떠나는 홍중하와 같이 숙종을 청대한 자리에서 「왜인들이 민호를 옮겨서 들어간 사실은 이미 확실하게 알 수는 없으나, 이것은 삼백년 동안 비워서 버려둔 땅인데, 이것으로 인하여 흔단을 일으키고 우호를 상실하는 것은 좋은 계책이 아닙니다」라고 아뢰고, 「귀계의 죽도」와 「폐방의 울릉도」라는 방법으로, 명복만을 조선에 남기고, 실질적인 영유권을 일본에 넘겨주는 방책을 취했다. 이런 제의를 받은 일본이, 아예 문서에서 「울릉도」라는 표기의 삭제를 요구한 관계로, 회담이 장기화

되고, 에도막부가 일본인의 죽도도해를 금하였기 때문에, 울릉도가 조선의 영토로 남아 있게 되었다. 만일 쓰시마가 남인의 제안을 수락했다면, 울릉도는 이미 일본령이 되어 있기 마련이다.

그런 사실과 17세기의 남인과 장희빈을 같이 생각하면, 장희빈이 세력을 잃는 것이, 남인을 대신하여 소론이 득세하는 계기가 되고, 울릉도도 조선의 영토로 남아 있을 수 있게 된 셈이다. 독도가 우리의 영토라는 것을 확인하기 위해서는, 17세기의 조선사회를 이해하는 일이 필요한데, 그것을 장희빈을 축으로 해서 살펴보는 것도 하나의 방법이라고 생각하고, 장희빈을 소개하고자 한다.

희빈장씨(禧嬪 張氏: 1659년 음력 8월~1701년 음력 10월 10일)는, 조선의 제19대 왕 숙종의 빈(嬪)으로, 제20대 왕 경종(景宗)의 어머니이다. 본명은 옥정(玉貞)으로 전하며, 본관은 인동(仁同)이다. 아버지는 역관 출신인 장형(張炯)이며, 어머니는 장형의 후실인 윤씨이며, 역관(駅官) 장현(張炫)의 종질녀이다. 조선왕조 역사상 유일하게 궁녀 출신으로 왕비까지 오른 입지전적인 여인으로서, 흔히 장희빈(張禧嬪)으로 불린다.

산림숭용과 국혼물실을 당의 제1 강령으로 추구했던 서인에게는 강력한 적으로 규정되었다. 1701(숙종 36)년 이후 남인이 몰락하면서 악의 화신으로 평가되어 왔으나, 1910(융희 3)년 대한제국의 멸망 이후 정쟁의 희생양 내지는 남인계 정치인이라는 시각이 나타나게 된다. 희빈 장씨는 장형과 그의 후처인 파평윤씨의 딸로 태어났다. 위로 언니가 있었으며, 남자 형제로는 아비 장형의 전처였던 고씨의 소생인 이복 오빠 장희식과 동복 오빠, 혹은 아우인 장희재가 있다. 희빈 장씨의 생모 윤씨가 과거에 조사석 처가의 여종이었다는 주장이 숙종실록에 기록되어 있는 탓에 장씨가 장형의 얼녀라고 정설로 알려졌지만 이는 정확하지 않다. 윤씨는 장현의 엄연한 정실 부인인 계실이었기에 윤씨가 설사 과거에 노비였다고 하더라도 출가하기 이전에 면천하여 양인 이상의 신분을 가진 상태로 보아야 한다. 그렇다면 희빈 장씨의 신분은 종모법을 따르더라도 양인 이상이었다.

희빈 장씨의 입궁 시기는 불분명하다. 그녀가 10세의 어린 나이에 아비 장형을 잃고 생계가 어려웠던 탓에 궁녀가 되었다는 주장과 장형이 사망하기 전에 역시 궁녀였던 딸이 있는 장형의 사촌형 장형의 권고를 받아 막내 딸인 장씨를 입궁시켰다는 주장이 존재한다. 생부 장형(張炯)의 옥산부원군 신도비 기록에 따르면 희빈 장씨가 어린 나이에 간택되어 입궁해 성장한 것으로 되어 있으며, 숙종 실록에도 머리를 따올릴 때부터 입궁하였다고 기록되어 있다.

일부 역사학자들은 희빈 장씨가 아비의 사후에 몸을 의탁하고 있던 당백부 정현이 경신환국에 휘말린 후 가세가 기울자 서인들과 권력 투쟁을 벌이던 남인들의 입궁 제의를 받아 궁녀로 입궐하였다고 주장하여 현재 정설로 알려졌지만, 사실 경신환국 당시 그녀의 나이가 이미 22세 이상이었기에 억지스러운 면이 없지 않다.

그녀의 입궁 시기를 상징하는 전설도 존재하는데, 영희전(永禧殿: 육성조 임금의 영정을 봉안한 곳) 참배를 마친 숙종이 청계천 장통교(長通橋)를 지나가다 아리따운 낭자를 보게 되었는데, 그녀에게 첫눈에 반하여 궁으로 불러들여 사랑의 결실을 맺었고 이 낭자가 희빈 장씨였다고 한다.

인조의 다섯째 아들인 숭선군(崇善君)의 장남 동평군과 자의대비(장렬왕후, 인조의 계비)의 사촌동생인 조사석의 주선으로 입궁한 희빈 장씨는 대왕대비전의 궁녀가 되어 자의대비 조씨를 웃전으로 모셨다. 1680년 겨울, 인경왕후 김씨와 사별한 20세의 청년 숙종과 연을 맺고 정인이 되었다. 희빈 장씨가 숙종을 모시게 된 시기는 불분명하지만 숙종실록에 인경왕후가 죽고 난 후에야 비로소 숙종을 모시게 되었다는 기록이 존재하며, 11월 이후 혜성이 나타났는데 장씨가 숙종의 총애를 받기 시작한 무렵이 이때라는 기록이 존재하니 그녀가 숙종의 승은을 입은 시기가 인경왕후가 죽은 10월 26일 이후임을 계산할 수 있다. 하지만 같은 해, 숙종의 어머니였던 대비명성왕후 김씨(明聖王后 金氏)에 의해 궁에서 쫓겨났다.

(중략) 승은을 입은 궁녀는 함부로 출궁시킬 수 없다는 궁중의 법까지 깨트리고 장씨를 강제출궁시켰던 1683년 현렬대비(명성왕후)가 두창을 앓던 숙종의 쾌유를 위해 무당의 권고대로 치성을 드리다 병을 얻고 42세의 나이로 승하하였다. 3년상이 마치자 자의대비(장렬왕후)는 숙종과 인현왕후를 설득하여 1686년 초에 장씨를 재입궐시킨다. 장씨를 향한 숙종의 총애가 지극하자 서인과 인현왕후 민씨의 반발 또한 격렬했다. 인현왕후는 장씨를 견제하기 위해 서인과 합세해 1686년 3월, 서인 영수 김수항의 종손녀인 영빈 김씨를 간택후궁으로 입궐시켰다. 숙종 12년인 1686년 2월 27일 기사에 인현왕후가 여러 차례 간택후궁을 들일 것을 종용했다는 기록이 있어 장씨의 입궁을 인현왕후가 후회하였거나 애초 원했던 것이 아님을 알 수 있다.

(중략) 김수항의 종손녀 김씨가 간택되어 3월 28일에 숙의로 봉해졌고 노비 150명이 하사되었다. 5월 27일에는 소의로 진봉되었으며 얼마 뒤에는 종1품 귀인으로 봉해졌는데 회임은 고사하고 숙종의 사랑도 받지 못한 김씨에게 이러한 특별진봉이 거듭된 것은 서인 영수

의 종손녀라는 신분과 인현왕후의 장씨를 향한 견제가 드러나는 부분이다. 김씨의 간택과 더불어 서인은 숙종에게 여색을 멀리해야 한다며 장씨를 궁 밖으로 쫓아낼 것을 종용하였지만 실패하였다. 인현왕후는 장씨의 교만함을 훈계하겠다며 아랫사람에게 장씨를 매질토록 시키기도 하였다. 숙종은 인현왕후와 김씨에게서 장씨를 떨어뜨리기 위해 중궁전과 후궁의 처소가 있는 창덕궁이 아닌 창경궁에 비밀리에 인부를 불러 장씨의 처소를 새로 건축하였다. 같은 해 12월에 숙종이 직접 장씨를 종4품 숙원으로 봉해 정식 후궁으로 만듦으로써 인현왕후의 처지를 위해 장씨의 출궁을 종용하던 서인은 더 이상 숙종에게 장씨를 출궁시킬 것을 요구할 수 없게 된다.

1688년에 소의(昭儀: 내명부 정2품)로 승격한 장옥정은 같은 해 10월 27일, 드디어 왕실이 그토록 고대하던 숙종의 장남 '윤(昀)'을 낳았고 이 왕자가 후에 조선 왕조 제20대 왕 경종(景宗)에 오르게 된다. 하지만 서인의 반응은 싸늘하여 대왕대비 조씨의 상(喪) 중임을 앞세워 숙종의 득남에 축하연은커녕 하례 인사조차 드리지 않았다.

1689년 1월 11일, 숙종은 아들 윤에게 원자(元子: 왕의 큰아들) 주해 정호를 내릴 뜻을 알린다. 왕자 윤이 후궁 소생이라는 사실에 방심하고 있던 서인은 숙종의 선언에 당황했지만 제대로 반대를 하거나 저지를 할 준비도 되지 않은 상황 속에 숙종은 불과 닷새 후인 1월 15일, 왕자 윤에게 원자 정호를 내려 종묘사직에 고해버린다. 또한, 숙종은 같은 날 윤의 생모 소의 장씨를 정1품 빈(嬪)으로 책봉하여 귀인 김씨를 제치고 후궁 1위로 만들었다. 이미 종묘사직에 고한 일을 무르라고 주장할 수 없기에 서인은 소심한 반박으로 의사를 표현할 수밖에 없었고, 숙종은 이 또한 용서하지 않아 그들을 파직시키고 남인을 조정으로 부르기 시작한다.

숙종 15(1689)년 2월 1일에 인현왕후의 외가 친척이기도 한 송시열이 이미 종묘에 고한 원자 정호를 철회하라는 비판상소를 올리자 서인이 일제히 송시열의 주장에 합세하였다. 숙종은 분개하여 송시열에게 왕실 능멸의 죄를 물어 유배에 처한다. 이 사건으로 인해 경신환국이 발발하였다. 이후 노론은 숙종이 옳은 주장을 한 송시열을 처벌하고 정권까지 갈아치운 목적이 왕비 민씨를 내쫓고 후궁 장씨를 왕비로 올리기 위한 것이었다고 기록한다. 2월 2일, 숙종은 장옥정의 선조 3대에게 정승을 추증(追贈)했다. 추증은 위로 올라갈수록 한 등급씩 감하는 것이 관례여서 장씨의 부친 장형(張炯)에게 영의정을 증직하면, 조부에게는 종1품 찬성(贊成)을 증직해야 했다. 숙종은 "사체(事体)가 다름이 있으니, 모두 의정(議政)을 증직하라"고 명해 장형은 영의정, 장수(張壽)는 좌의정, 장응인(張応仁)은 우의정에 증직되었다. 3대가 모두 정승에 증직된 드문 경우였다. 다음 달엔 그녀의 외조부인 일본어 역관 윤성립을 2품 정경으로 추증하고, 외삼촌인 윤정석에게 사포별제직을 내린다.

어린 아들의 장래가 걱정된 숙종이 서둘러 왕자 윤에게 원자(元子) 정호를 내리려고 하자 서인의 노론과 소론은 모두 아직 왕비 민씨(閔氏)가 나이가 많지 않으니 후일을 기다리자고 주장하였다. 숙종은 듣지 아니하고 1689(숙종 15년)년 정월에 원자를 봉하고 장소의를 희빈(禧嬪)으로 봉했다. 또한 장씨의 친정 선조를 추증하여 그녀를 엄연한 양반의 딸로 만들어 주었고, 앞서 삼복의 난에 연루되어 김석주에 의해 가산을 빼앗기고 유배당하였다가 다시 복직되었지만 서인의 견제에 실권을 상실하고 있던 희빈 장씨의 종백부 [장현]이 다시 활동을 재개할 수 있게 하여 희빈 장씨와 어린 원자의 불안한 처지와 입지를 세워 주었다.

하지만 서인의 반발이 심해지고 급기야 송시열이 인현왕후의 연치가 어린 것을 주장하며 원자 정호를 취소할 것을 상소하기에 이르니 숙종은 이미 명호(名号)가 결정되어 종묘에 정식으로 고한 것을 번복하라는 것은 왕실을 능멸하는 행위라며 노여움을 터트렸고 이에 남인 이현기(李玄紀)·남치훈(南致薰)·윤빈(尹彬) 등이 송시열의 상소에 논박하자 숙종은 송시열을 제주도로 유배시켰다. 이후 6월, 송시열은 서울로 압송되던 도중 정읍(井邑)으로 이배되었다가 사약을 받았다. 이 밖에 서인의 영수들도 파직 또는 유배를 면치 못하였고, 반면에 남인의 권대운(權大運)·김덕원(金德遠) 등이 등용되었다. 이로써 경신대출척 이후 밀려난 남인이 다시 집권하게 되었고, 이 정권 교체 사건을 기사환국이라고 한다.

1689년 음력 4월 23일, 자의대비의 복상 기간이니 생일 하례를 생략하라는 숙종의 명이 무시되고 인현왕후 민씨에게 대신들의 하례와 선물이 전달되었다. 임금보다 왕비에게 충성하는 서인의 작태와 앞서 자의대비의 상중이라는 이유로 원자 윤의 탄생에 하례인사조차 하지 않았던 서인의 이중성이 고스란히 드러난 셈이라 숙종이 분개하여 하례 편지와 선물을 손수 불태우고, 다음 날 인현왕후 민씨를 서궁에 유폐하라는 명을 내렸다. 그리고 조정에 인현왕후 민씨의 품성과 행실이 폐비윤씨보다 더하고 희대의 악후로 손꼽히는 여태후에 견줄만하다며 노골적으로 비난을 퍼붓고 폐출할 의사를 선고했다. 이에 서인 오두인·박태보 등 80여 명이 상소하여 반대하였을 뿐만 아니라 당시 조정을 장악하고 있던 남인 대신들 또한 반대하였지만 숙종은 음력 5월 2일에 인현왕후 민씨를 폐하여 사가로 폐출하였다.

희빈 장씨는 5월 13일 왕비가 되었지만 자의대비의 복상 기간이었던 탓에 정식으로 왕후로 책봉된 것은 1690년 10월 22일이다. 앞서 6월 16일, 장씨의 아들인 원자는 세자로 책봉되었으며, 중전 장씨의 부모인 [장형(張炯)]과 장형의 첫 아내 고씨는 옥산부원군(玉山府院君), 영주부부인(瀛洲府夫人)으로 추숭되었고, 장씨의 생모인 윤씨는 파산부부인(坡山府夫人)으로 책봉되었다. 무과 출신 무관으로 그녀가 숙종의 후궁이 되기 전부터 일찍이 종6품 군자감 주부, 포도부장 등을 역임했던 장비(張妃)의 동복형제 장희재는 누이의 후광으로 대폭 진급하여 훈련원부정 겸 내승을 거쳐 이후 포도대장, 총융사, 한성부 좌윤 등 고관의 자리에 앉게 되었다.

1694(숙종 20)년에 서인의 김춘택(金春沢) · 한중혁 (韓重爀) 등이 폐비의 복위 운동을 꾀하다가 고발되었다. 이때에 남인의 영수이자 당시 우상(右相)으로 있던 민암(閔黯) 등이 이 기회에 반대당 서인을 완전히 제거하려고 김춘택 등 수십 명을 하옥하고 범위를 넓히어 일대 옥사를 일으켰다.

이때 숙종은 갑자기 마음을 바꾸어 옥을 다스리던 민암을 파직하고 사사하였으며, 권대운 · 목내선 · 김덕원 등을 유배하고 소론(少論) 남구만(南九万) · 박세채(朴世采) · 윤지완(尹趾完) 등을 등용하고 장씨를 희빈으로 강등시켰는데, 이를 불러 갑술환국이라 한다. 일설에 따르면 김만중이 숙종이 폐비 사건의 옳지 못함을 깨우치기 위해 쓴 '사씨남정기'라는 소설을 숙빈 최씨에게 전해 읽고 폐비 사건을 후회하게 되어 정권을 교체한 것이라 알려지기도 한다.

또한 이미 죽은 송시열 · 김수항 등은 다시 복작(復爵)되고, 남인은 정계에서 물러나게 되었다. 장옥정의 부모인 장형과 윤씨·고씨는 부원군과 부부인의 작호가 취소되었다. 희빈의 처소 또한 창덕궁 대조전이 아닌, 과거에 사용하던 창경궁 취선당으로 옮겨졌다. 장희빈의 오빠 장희재(張希載)가 일찍이 희빈에게 보낸 서장(書狀) 속에 폐비 민씨가 폐귀인 김씨와 은화를 모아 복위를 도모한다는 문구가 적혔던 것이 발견되어 논쟁이 되었고 제주도에 유배 중이던 장희재가 압송되어 국문되었다. 노론은 장희재를 죽일 것을 종용했지만 남구만·윤지완 등의 소론 대신들은 세자에게 화가 미칠 것이라 주장하며 구명을 주장했다. 직후, 성균관 유생 김인이 하리들과 공모하여 과거 장희재가 숙원 최씨(숙빈 최씨)의 외숙모를 사주하여 최씨를 독살하려고 하였다고 주장하였는데 최씨가 사실이라고 인증하여 다시 장희재에게 국문이 내려졌다. 하지만 김인이 말한 살인교사의 액수가 터무니없다 하여 숙종은 국문을 파하고 장희재를 제주도로 다시 유배하였다.

숙종은 폐비 민씨(인현왕후)를 중전으로 복위하라고 명하면서 "백성에게 두 임금이 없는 것은 고금을 통하는 의리이다"며 장씨의 왕후세수(王后璽綬)를 거두고, 이어서 희빈(禧嬪)의 옛 작호를 내려 주라고 명하였다. 하지만 모든 서인이 이에 찬동하였던 것은 아니다.

서문중 등이 상소하여 간쟁하려고 박태상(朴泰尚) 등 여러 사람과 대궐 밖 돈녕부(敦寧府)에 모여 주장하기를 '9년·6년과, 아들이 있고 아들이 없는 것은 어느 것이 중하고 어느 것이 경한가?' 하였는데 이 뜻은 중궁(中宮)이 어위(御位)한 것과 장씨(張氏)가 왕비로 있던 것은 세월이 오래고 짧은 차이가 있기는 하나 왕세자가 있으므로 장씨가 도리어 중하다 하였다.

직접적으로 반대한 것은 아니지만 다음날인 13일, 정원(政院)에서도 이의를 제기하였다. 갑작스런 변절에 당황스러워 해조 관원들이 받들어 거행하기 어려우며, 대저 곤위(壼位: 왕비)의 승출(陞黜)을 대신과 조정이 일제히 의논하게 하지 않고 비망기를 정원에 내려서 봉행하라 하였으니 대신·재신(宰臣) 및 삼사(三司)의 신하들을 불러 묘당(廟堂)에 모여서 의논하여 지극히 마땅한 결론을 낸 후에 명을 내리라고 한 것이다.

4월 17일, 영의정 남구만은 정언의 주장이 매우 부당하다 반박하였다. 기사년 당시 장씨가 중전에 올랐을 때에도 같은 상황이었으며, 숙종의 뜻으로 이미 인현왕후가 왕비로 복위하였는데 장씨의 강호(降號)에 대해 거론하여 다툰다면 한 나라에 존위가 둘이 되는 것이니 부당함과 동시에 아들이 어머니에 대해 논하고, 신하가 임금에 대해 의논하는 것이니 천하의 도리에 맞지 않다고 주장하였다.

또한 남구만은 "희빈의 강호는 중궁 전하께서 복위하심으로 말미암아 두 왕비가 있을 수 없어서 그러한 것입니다. 죄가 있어서 폐출(廢黜)된 것과 같지 않으니, 아마도 분수에 따라 스스로 안정할 것이고, 궁위(宮闈) 사이는 화목하여 화평할 수 있을 것입니다"라고 선언하며, 정언이 닷새 전에 언급한 '곤위(壼位)의 승출(陞黜)'은 낮춘 것[降]을 내친 것[黜]이라 한 것이니 사실에 크게 어그러진다고 반박하였다. 하지만 그와 동시에, 정언이 갑자기 변절을 만나 당황할 즈음에 문자를 가리지 못한 것은 또한 매우 허물하기 어려우니 추고(推考)하여야 한다고 변론하였다. 남구만의 공표로 인해 장씨의 강등은 기정사실이 되었지만 동시에 그녀는 후궁의 작위를 가졌으되 후궁이 아닌 위치에 놓이게 된다.

(위키백과, 우리 모두의 백과사전).

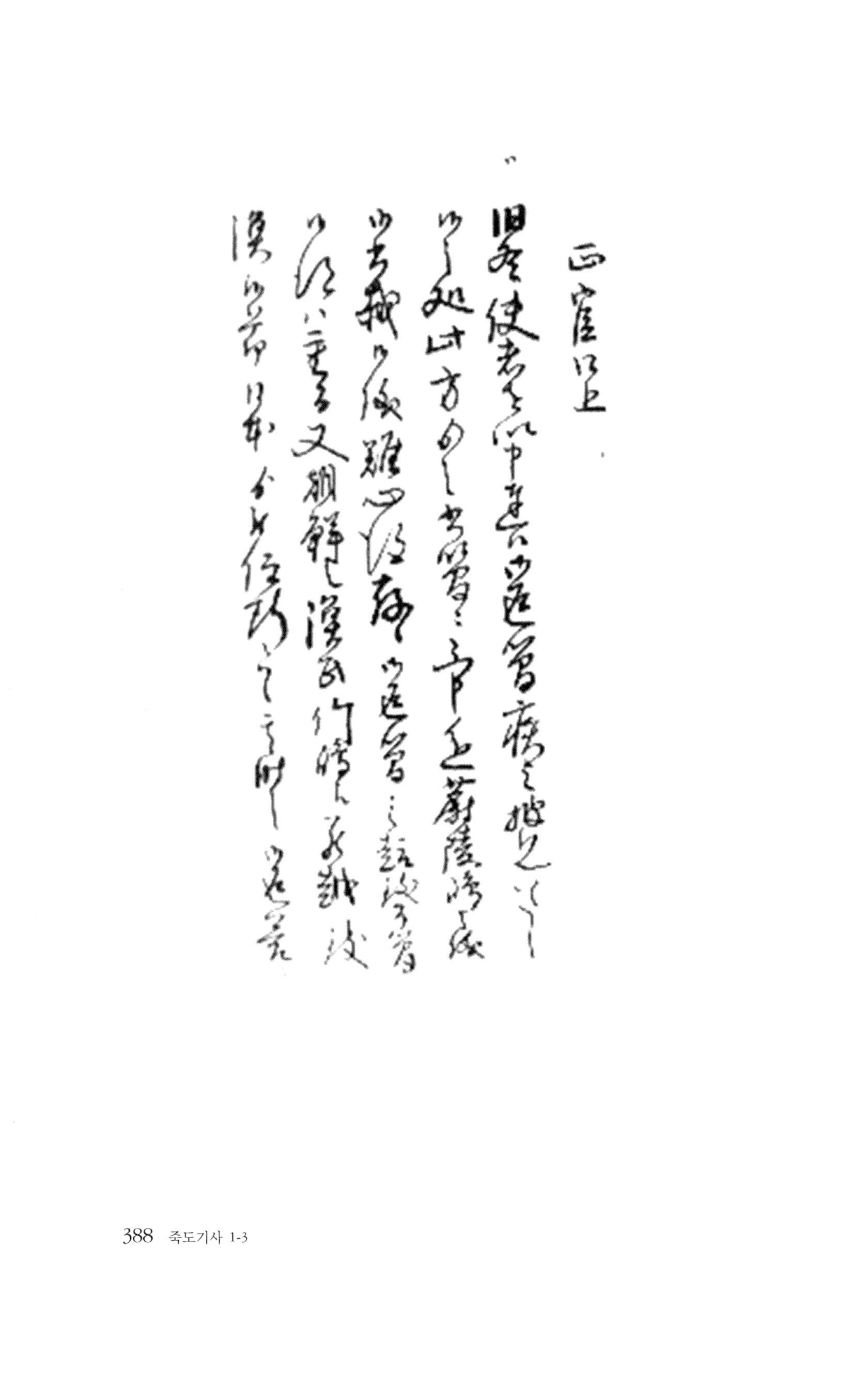

正官口上

- 旧冬使者を以申達候御返簡疾与披見いたし候之処此方より之書
簡ニ不申遣蔚陵嶋之儀御書載候儀難心得存候御返簡之趣致了簡候
得ハ重而又朝鮮之漁民竹嶋ヘ罷越致漁候節日本より被仰断候ハヽ
其時之御返答ニ

正官の口上

- 旧冬、使者を以て申し達し下さった御返翰を、しっかりと拝見
致した。すると、こちらからの書簡で触れていない蔚陵嶋のこ
とが、書き載せてあった。このことは了解できないことであ
る。この御返翰の趣旨を[こちらから]考えれば、再び朝鮮の漁民
が竹嶋へ罷り越し漁を行った場合、日本からまた苦情が寄せら
れたならば、その時の返答に、

정관의 구상

- 지난 겨울에 사자를 통해 보내 주신 반한을, 차분히 배견했습니다.
그런데, 이쪽에서 보낸 서간에서 언급하지 않은 울릉도라는 것이
기재되어 있었다. 이 일은 이해할 수 없는 일이다. 이 반한의 취지
를 [우리 측에서] 생각하면, 다시 조선의 어민이 죽도에 넘어와 어
렵을 했을 경우, 일본에서 또 항의를 하게 되면, 그때의 반답에,

竹嶋^江者不参候我国之蔚陵嶋^江参候与御返事被成能様^二御拵物与存候両
国之儀紛敷御返簡取次被申候而東武^江差上被申候儀決而不罷成候若此
侭^二而公儀^江被差上候者如何様之趣^二而此方より不申越儀を書載有之哉
其意趣真直^二被聞届御案内被申上候儀対馬守殿役儀^二候処不埒之返簡
差上候なとゝ有之候者対馬守殿為^二も不宜其上右之通^二而ハ不被差置
必定江戸表より急度以御使者

竹嶋へは参っておらず、我が国の蔚陵嶋へ参ったのだと返事をする
つもりであろう。うまく繕ったものであると思う。両国のことは[こ
のような]紛らわしい返翰で取り次ぎを行い、東武へ差し上げること
は、決して罷り成ることではない。もしもこの侭で、公儀へ差し上
げることになれば、どのような理由で[この不審な点を]こちらから申
し出ないのか、その理由を書き載せておかなければならない。その
意とする趣旨は[公儀に有りの侭を]真直ぐに届け、そのままに事情を
報告すべきだからである。それと同時に、それが対馬守殿の[対朝鮮
外交の本来の]御役目だからである。そのような[まっとうな御役目
の]所に、不埒の返簡などを差し上げたりすれば、対馬守殿の為にも
宜しくない。その上、右の通りだけでは収まらず、必ずや江戸表か
ら[このような不審の点は咎められ]厳しく[直々の]御使者が立てられ

죽도에는 가지 않고 우리나라의 울릉도에 갔다고 답할 생각일 것이다.
잘 꾸며댄 것이라고 생각한다. 양국의 일은 [이처럼] 혼란스러운 반한
을 거래하고, 동무에 올리는 일은 결코 있어서는 안 된다. 만일 이대로
장군에게 바치게 되면, 어떤 이유에서 [이 이상한 점을] 우리측이 말하

지 않는가, 그 이유를 기재해 두어야 한다. 그 의도하는 취지는 [장군에게 있는 그대로를] 바로 올려, 그대로의 사정을 보고해야 하기 때문이다. 그것과 동시에, 그것이 쓰시마노카미님이 하는 [대조선 외교의 본래] 역할이기 때문이다. 그와 같은 [정통적인 역할을 하면서] 이상한 반한 등을 바치는 것은, 쓰시마노카미님을 위해서도 좋지 않다. 그 위에, 위의 일로 그치지 않고, 반드시 에도에서 [이 같은 이상한 점을 추궁하여] 엄하게 [직접] 사자를 보내시어

可被相済与可有之候然上ハ事大事ニ及候者猶以不宜儀ニ候又無何事被
相済候共朝鮮之御外聞悪事ニ候縦右之通ニ無之共役目之事ニ候間対馬守
殿急度被致渡海都迄も被罷通朝廷方江懸御目否之被埒明候様ニと有之
歟兎角何レ之道ニ而も朝鮮之御為不宜事ニ而何分ニ茂両国首尾能様ニ与
被存候間又々使者を以被申候誠信之旨を能御合点

[再吟味が行われ]る事であろう。そのように進めば、事は大事に及
び、猶以て宜しからぬことに至る。また何事も無く相済んでも、朝
鮮の御外聞は悪化するであろう。たとえ右の通りのことが無く共、
御役目の事であるから、対馬守殿は必ずや渡海なされ、朝鮮の都へ
までも通行し、朝廷方に御目に懸り、事の正否を明らかに成される
に違いない。兎も角も、何れの道に於いても、朝鮮の為には宜しく
ない事である。何分にも両国の首尾が能い様にと思い、またそのよ
うにも図り、又々使者を以て[こうして]申し伝えているのである。こ
の御誠信の趣旨を能く御合点

[재조사가 이루어]질 것이다. 그렇게 되면, 일은 크게 발전하여, 더욱
좋지 않은 일이 된다. 또 아무 일 없이 끝나도, 조선의 세평은 악화할
것이다. 가령 위와 같은 일이 없다 해도, 직책이기 때문에, 조선의 도
성까지 통행하여, 조정 분들을 만나, 일의 정부를 분명히 하게 될 것이
다. 어쨌든 어느 쪽이라 해도 조선을 위해서는 좋지 않은 일이다. 어쨌
든 양국의 상황을 좋게 할 생각으로, 또 그렇게 꾀하여, 다시 사자를
보내 [이렇게] 말하고 있는 것이다. 이 성신의 취지를 잘 이해

被成蔚陵嶋之文字被差除候而御返翰早々可被差越候此段幾重〻茂申達
其上〻茂若無御承引御源志茂有之而難被除事〻候者如何様之儀〻而御書
載候与之様子委細御返簡〻可被仰聞候万一御返答之品〻より不首尾与
被存候而も有体之儀〻候ハ、取次可被申候此旨能御合点被成

なされ、蔚陵嶋の文字を差し除いた御返翰を[こちらに]早々に差し渡
して頂きたい。このことは幾重にもお願いし、お話しもして、申し
上げているところである。その上で、もしも御承引が無いとなれ
ば、その理由となるお考えが有るであろうから、その除くことが困
難であることについて、如何様の理由なのか、御書き載せ頂きた
い。その様子、委細を、御返簡の中で、お示し頂きたい。万一にも
御返答[を頂くに当たって、仲介する方々への御贈答]の品[が不足と
いうことであれば、率直に告げて欲しい。そのような事]によって[御
納得が得られず]不首尾となっているかもしれない。そのような事も
有体にして、お取り次ぎを願いたい。この旨を能く御合点に成られ

하시고, 울릉도라는 문자를 삭제한 반한을 [이쪽에] 빨리 건네주었으
면 합니다. 이 일은 몇 번이고 원하고, 이야기도 하여, 말씀드리고 있
는 바입니다. 그 위에, 만일 승인하지 않는다면, 그 이유가 되는 생각
이 있을 것이므로, 삭제하는 일이 곤란한 것에 대해, 어떠한 이유인가
기재해 주었으면 한다. 그 상황, 자세한 것을 반간 속에 기록하여 주
기 바란다. 만일에 반답을 [받는데 있어, 주선하는 자들에 대한 증답]
품[이 부족하다면, 솔직히 말해 주었으면 한다. 그와 같은 일]로 [뜻을
얻지 못하여] 나쁘게 되었는지도 모른다. 그 같은 일도 있는 그대로
주선하여 주었으면 한다. 이 뜻을 잘 이해하시고

御注進可被成候今度之儀日本朝鮮之御挨拶ニ而候得者接慰官拙子抔論
談ニ而御用向善悪之儀相済事ニ而無之候乍然取次之中成ニ依て上之御聞
入善悪之違有之間敷物ニ而無之候無申入迄候得共御返答之品ニより事
大ニ罷成候段能御了簡可被成候御存知之通

御注進に成られるようにして頂きたい。今度のことは、日本と朝鮮
との[国家間の]交渉であり、接慰官と拙者などとの間の論談によっ
て、この御用向きの善悪のことが決着するわけでは無い。然しなが
ら、取り次ぎに立つ者の伝え方に依って、上の方々の御聞き入れ
に、善悪の違いが起こらない保証は無い。申し入れに無いようなこ
と迄も[取り上げられるからには]御返答[に伴う御贈答]の物品[の多
寡]により[曲げて伝えられるような]事態が、大いに起こり得る事は
[御理解いただけるところであろう。]そのようなことも能く御思案の
中に入れておいて[御報告に当たって]頂きたい。御存知の通り、

주진될 수 있도록 해주었으면 한다. 이번의 일은 일본과 조선의 [국가
간의] 교섭으로, 접위관과 졸자 사이의 논담으로 용건의 선악이 결착
되는 것이 아니다. 그러나 주선하는 자의 전하는 내용에 따라, 윗분들
이 받아들이는 일에 선악의 차이가 생기지 않는다는 보증은 없다. 요
구에 없는 것 같은 일까지도 [취급되어지기 때문에] 반답[에 동반되는
증답]물품[의 다과]에 의해 [잘못 전해지는 것과 같은] 사태가 많이 일
어날 수 있는 일은 [이해하여 주실 것이다.] 그와 같은 일도 생각 속에
넣어 두었다가 [보고에 임해] 주었으면 한다. 잘 아시는 대로,

拙子儀旧冬致渡海其御返翰于今遅延東武之首尾可宜候哉御察不可被
成候度々飛船到来御返翰延引不首尾ニ候与之儀以之外ニ申来候得共其
返事可申遣様も無之候早々御返簡到来候様御注進可被成旨朴同知朴
僉知を以接慰官東莱江申達ス

拙者は[使者を命ぜられ]旧冬に渡海を致した。だがその御返翰が今に至
るも、まだ遅延し、東武への首尾は[はなはだ]宜しくない。そのような
結果に至っている。御察し下さる必要も無いことであるが、度々に飛
船が到来し[国元から拙者へ、度々の催促がある。だがなお]御返翰は延
引したままで[まことに]不甲斐ない首尾である、以ての外の事であると
[国元から、お叱りの言葉ばかりが]伝わって来る。それに対し返事を申
し遣すにも[このようなことでは、全く以て返事の]しようが無い。早々
に御返簡が到来する様[都へ]御注進なさるべきである。そのような旨を
朴同知や朴僉知を以て、接慰官および東莱府使へ申し上げる。

졸자는 [사자를 명받아] 지난 겨울에 도해하였다. 그러나 그 반한이
지금에 이르러서도, 아직 지연되어, 동무에 대한 입장은 [아주] 좋지
않다. 그와 같은 결과에 이르렀다. 살펴주실 필요도 없는 일이지만,
자주 비선이 도래하여 [나라에서 졸자를 자주 재촉한다. 그러나 아직]
반한은 늦어진 채로 [참으로] 한심스러운 상황이다. 당치도 않은 일이
라고 [나라에서, 꾸짖는 소리만] 전해 온다. 그것에 대해 답을 말하여
보내는 것도 [이와 같은 일로는, 전혀 답을] 할 방법이 없다. 빨리 반
간이 도래할 수 있도록 [도성에] 주진해야 합니다. 그러한 내용을 박
동지나 박첨지를 통해 접위관 및 동래부사에 말씀드린다.

撟麈官東萊道書

如經竹以鑊一一必重臣今發探子訪所問

相延方必會以今敢必以糧寫成

一覺以圅蔚陵鴻之後高必相之豈

亡言以罗若屬必振久經勾以之審

符会鳥上寻以蔚陵鴻後守以

後之哉中之蔚陵鴻以之乜之方乜

倏以豈以以得之芳誠言探耋書

接慰官東莱返答

- 被仰聞候趣一々承届候今度拙子罷下候付朝廷方被申含候ハ今度之
  御書翰写致一覧候得者蔚陵嶋之儀書面二相見江冝不思召候間差除
  候様被仰下候此御不審曾而合点不参候蔚陵嶋之儀書込申候儀者我
  国之蔚陵嶋与申候而も遠方之儀二御座候得ハ心任二者差越不申候
  増而貴国二ハ

接慰官および東莱府使の返答

- お話し下さった御趣旨の、その一つ一つを承った。今度、拙者
  が[都から]罷り下る折、朝廷方から申し含められたことがある。
  それは[以下のようなことである。]今度[正官殿が持ち渡った]御
  書翰の写しを一覧して見れば、蔚陵嶋のことが書面に見える。
  その記載は冝しくないと考え、差し除くようにと要求がある。
  この[対馬の言う]御不審であるとの指摘は、全く合点のいかぬこ
  とである。蔚陵嶋を書き込んだ理由は、我が国の蔚陵嶋と言う
  のは遠方の島であり[そこに漁民が]自由に往来するようなことは
  [国法として]許されぬほどの所である。ましてや[越境して]貴国
  にまでは、

접위관 및 동래부사의 반답

- 말씀해주신 취지 하나하나를 들었다. 이번에 졸자가 [도성에서]
  내려올 때 조정 쪽에서 지시받은 일이 있다. 그것은 [이하와 같
  은 일이다.] 이번에 [정관님이 가지고 건넌] 서한의 사본을 일람
  해보면, 울릉도의 일이 서면에 보인다. 그 기재가 좋지 않다고

생각하고, 삭제하도록 하라는 요구가 있다. 이 [쓰시마가 말하는] 수상하다고 하는 지적은 전혀 이해되지 않는 일이다. 울릉도를 기입한 이유는, 우리나라의 울릉도라는 것은 원방의 섬으로 [그곳에 어민이] 자유롭게 왕래하는 것과 같은 일은 [국법으로] 허가되지 않을 정도의 곳이다. 하물며 [월경하여] 귀국까지

猶以不参候様堅可申付与念を入致書載候ヘ者是程結構之認様無御座
候結構ニ認候上を何角与被仰下候儀難心得候唯当春之返簡御持戻り右
之心を委細被仰上候ハ、東武ニ茂成程御合点被遊儀ニ候間幾重ニも右之
返簡御持帰可被成候対馬守様御誠信を以被仰越候由段々被仰聞候御
誠信之儀者于今不始朝廷方ニ茂忝儀ニ被存候由被申聞

猶以て参らぬ様にと、堅く申し付けている事である。このようなこ
とを、念を入れて書き載せた迄の事である。[すなわち]これ程までに
結構な[書簡の]したため様は無い程のものである。[わざわざ]結構に
したためたものを、なおこの上、何かと苦情があると[敢えて]申し出
ることは[こちらにとっても]承知の出来ない事である。ただ[ひたす
ら]当春の返簡を[そのまま]御持ち戻りして、右の心づかいを委細に
[東武へ]御報告なされば良い。東武に於いても成程と御合点を遊ばさ
れるに違いない。つまり右の返簡を[そのまま]御持ち帰り成さるよ
う、幾重にもお願いする。対馬守様が御誠信を以て申し出られてい
ることは、色々と聞き及んでいる。そのような御誠信のことは、今
に始まったことではなく、朝廷方でも[これまでの対馬守様の御誠信
に対し]忝ないと思っておられる。そのようなことを[我々も]聞き及
んでいる。

더욱 가지 못하도록 하라고, 엄하게 명해 두고 있는 것이다. 이와 같
은 일을, 신경을 써서 기재했을 뿐이다. [즉] 이 정도로 좋은 [서간]을
기록할 수 없을 정도의 것이다. [애써서] 좋도록 기록한 것을, 그런데
도, 무엇인가 불만이 있다고 이야기하는 것은 [우리들로서는] 이해할

수 없는 일이다. 다만 [한결같이] 금년 봄의 반한을 [그대로] 가지로
돌아가서, 위의 배려를 자세히 [동무에] 보고하면 된다. 동무로서도
괜찮다며 틀림없이 이해하실 것이다. 즉 위의 반한을 [그대로] 가지고
돌아갈 것을 몇 번이고 원한다. 쓰시마노카미 님이 성신으로 말하고
있는 것은, 여러 가지로 듣고 있다. 그와 같은 성신의 일은, 지금 시작
된 것이 아니라, 조정 쪽에서도 [지금까지의] 쓰시마노카미 님의 성신
에 대해] 감사하게 생각하고 계신다. 그와 같은 일을 [우리들도] 듣고
있다.

正官返答

- 被仰聞候趣承届候蔚陵嶋之文字御座候而不宜子細者段々唯今申通ニ候此返翰東武江差上被申候而ハ曾而事済不申候然上ハ事大ニ成朝鮮之御為不宜儀目前ニ候付両国之間ニ紛敷儀取次被申候事役儀之

正官返答

- お話し下さった御趣旨は承った。蔚陵嶋の文字が[御返翰の中に]あり、その宜しからぬ子細は、色々と唯今まで申した通りである。この御返翰を東武へ[そのまま]差し上げては、普通であれば、事が済むわけは無い。そのような場合、事が大きく成って、朝鮮の為には宜しからざることが起きる。それが目前に迫っている。両国の間に[混乱が生じるような]紛らわしい取り次ぎをする事は[対馬が託されている]役儀の

정관의 반답

- 말씀하신 취지를 들었다. 울릉도의 문자가 [반한 속에] 있어, 그것이 좋지 않은 이유는 여러 가지로 지금까지 말한 대로이다. 그 반한을 동무에 [그대로] 올려서는, 보통이라면 일이 끝날 리가 없다. 그러할 경우 일이 커지게 되어 조선을 위해서는 좋지 않은 일이 벌어진다. 그것이 목전에 다가오고 있다. 양국 간에 [혼란이 생길 것 같은] 혼동할 수 있는 주선을 하는 것은 [쓰시마에게 맡겨져 있는] 역할의

非本意候又朝鮮ニ而茂可為其通候日本にてハ向より之書面ニ応シ候而致
返書事ニ候此方之書面御請被成候而之御返簡朝鮮之御為何之悪事可有
御座候哉兎角此文字之儀不被差除候而不叶儀能御合点被成御注進可
被成旨申達ス

本意では無い。また朝鮮に於いても、その通りに[紛らわしい取り次
ぎなど、行わぬように]して頂きたい。日本では相手方からの書面に
応じ[同文を繰り返して確認する請書という制度がある。それによっ
て]返書を行う[ならわし]事になっている。だから、こちらの書面を
御請けに成られたら、それに対し[同様の形式の]御返簡が[繰り返さ
れ、返還されて来る。それは紛らわしさを防ぎ、間違い無く正しく
事を伝えるためのものである。このような書簡の方式を取る事は]朝
鮮の御為にもなることである。[間違いの無い伝達が成されるのであ
るから]何も悪い事で有る筈がない。兎も角も[同様の形式が繰り返さ
れるならば]この文字のことは[当方の書簡に無いものであるから]差
し除かないと叶わぬことである。[このような事を]能く御合点に成ら
れ[併せて朝廷へ]御注進なさるべきである。このような趣旨の事を申
し伝えた。

본의가 아니다. 또 조선도, 그대로 [혼동하는 주선 따위를 하지 않도
록] 해주었으면 한다. 일본에서는 상대방의 서면에 대응하여 [동문을
반복해서 확인하는 청서라는 제도가 있다. 그것에 의해] 반서를 하는
[관습]이 있다. 그러므로 우리 쪽의 서면을 받으시면, 그것에 대해 [같
은 형식의] 반한이 [반복해서 반환되어 온다. 그것은 혼란을 방지하

고, 오류 없이 바르게 전하기 위한 것이다. 이러한 서간의 방식을 취하는 것은] 조선을 위해서도 도움이 되는 일이다. [오류가 없는 전달이 이루어지는 것이므로] 어떤 나쁜 일이 있을 리 없다. 어쨌든 [같은 형식이 반복되게 되면] 이 문자의 건은 [우리 쪽의 서간에 없는 것이므로] 삭제하지 않으면 안 된다. [이와 같은 일을] 잘 이해하시고 [아울러 조정에] 주진하셔야 합니다. 이와 같은 취지의 말을 전했다.

接慰官東莱返答

- 被仰聞候趣承届候最前御返答申候之様蔚陵嶋之儀書入申候事別条有之儀ニ而無御座候是より上能認様無之与各々分別相談之上致書載たる事ニ候ヘハ除候儀者難成事ニ候能御了簡被成候ヘハ御合点

接慰官東莱の返答

- お話し下さった御趣旨に就いては[しっかりと]承った。最前にも御返答を申し上げた様に、蔚陵嶋のことを書き入れたことは、別段これといったことが有るわけでは無い。これ以上に、さらに能く理解できるよう[朝廷方の]各々が、分別ある相談の上で書き載せたものである。それゆえ取り除くことはできない。能く御思案下されば、御合点に

접위관과 동래부사의 반답

- 말씀하긴 취지에 대해서는 [잘] 들었다. 최전에도 반답을 드린 것처럼 울릉도의 일을 기입한 것은, 특별히 이것이라고 말할 것이 있는 것은 아니다. 이것으로, 더 잘 이해할 수 있도록 [조정 측의] 여러 사람이 상담한 후에 기재한 것이다. 그렇기 때문에 삭제할 수가 없다. 잘 생각하시면 이해가

具有經上□□以多振□□□朝鮮□人

以從者十一時□□期廷方節□□□

中□

被成候事＝候間唯御持戻り被成朝鮮之心入具被仰上被下候へ如何様＝
御座候而も此段御使者ᴶ申付候へと朝廷方被申渡候之由被申聞

成られる筈である。ただ[その有りの侭を、そのまま]御持ち戻りにな
られ、この朝鮮の心づかいを[公儀へ]具に御報告していただきたい。
どのようにしても、このことを御使者へ申し伝えるよう、朝廷方は
申されている。このような返答であった。

되실 것이다. 그저 [있는 대로를, 그대로] 가지고 돌아가셔서, 조선의
배려를 [장군에게] 자세히 보고하여 주었으면 한다. 어떻게 해도, 이 일
을 사자에게 전하라고, 조정 측은 말하고 있다. 이와 같은 반답이었다.

正官口上

- 仰之通承届候段々申達候へ共御合点無之与見へ申候御返翰御認
  被成様結構無此上候間取帰り候様ニ与朝廷方被仰含候由夫ニ心違
  たる儀御座候此方より申入候趣ハ此方より不申進儀有之紛敷候
  付御書面之疑敷儀を申入候御認被成様之善悪を申ニ而

正官の口上

- 仰せの通りを承った。順序よく[御理解が行くよう]お伝え致した
  が、なお御合点が無いようにも、お見受けする。御返翰にしたた
  められた内容は、結構なもので、この上も無いものであるから、
  そのまま持ち帰る様にと、朝廷方は仰せられておられる由、お聞
  きを致した。しかしそれは心得違いというものである。こちらか
  ら申し入れた話の趣旨は[書簡の形式を論ずるものである。]こち
  らから申し掛けていない[文言が、御返翰の中に]有り、これは[意
  を交わす上で]紛らわしいことである、御書面の文意の[筋道の]上
  で疑わしいことであると[ただ、そのように]申し入れたものであ
  る。つまり、したためられた内容の是非を論ずる

정관의 구상

- 말씀하신 대로 들었다. 순서있게 [이해가 가도록] 전하였으나, 아
  직 이해가 없는 것처럼 보인다. 반한에 기록된 내용은, 좋은 것
  으로, 이 이상 없는 것이므로, 그대로 가지고 가도록 하라고, 조
  정 측이 명하였다는 것을 들었습니다. 그러나 그것은 잘못 생각
  한 것이다. 이쪽에서 요구한 이야기의 취지는 [서간의 형식을 논

하는 것이다.] 이쪽에서 말하지 않은 [문언이 반한 속에] 있어,
이것은 [의견을 교환하는 데 있어] 혼동하는 일이다. 서면 문의
의 [줄거리] 상 의심스럽다고 [그저, 그렇게] 요구한 것이다. 즉,
기록된 내용의 시비를 논하는

無之候前之返簡持戻り候様ニ与帝王より被仰候朝廷方ニ茂其通ニ候とて
為使者罷越否之不埒明前之御書簡被持帰首尾ニ候哉縦何ヶ年滞留候而
も実否不承候而ハ不罷帰候一筋ニ蔚陵嶋之文字被除候へと申入候者一
旦ハ右之通御返答も可有之事ニ候最前申通是非不被除候ニ

ものでは無い。[さらに言えば]前の返翰を[そのまま]持ち戻るように
と[貴国の]帝王様から仰せがあったとのことであり、また朝廷方から
も、その通りにするよう仰せがあったとのことであるが[そのような
御命令の存在は]甚だ疑わしい所である。使者を罷り越させたからに
は[その申し入れを聞くのが当然であろう。その内容を上申させた上
で、果たして]否かどうか、埒か不埒か[いずれかの判断を下すべきも
のであろう。]その物事が明らかになる前に[注進を拒絶し]御返簡に
目を通すことなく、そのままを持ち帰らせるよう命じる首尾が[果た
してどこに]あるのであろうか。[こうなれば]たとえ何カ年滞留しよ
うとも、そのことの実か否かを承らなくては[到底]帰ることはできな
い。ただ一筋に蔚陵嶋の文字を除いて頂くよう申し入れていたか
ら、一旦は右の通りの[否か、そうでないかの]御返答もあるであろう
と[ただひたすら]待っていた。最前から申す通り、どうしても除くこ
とができないと

것이 아니다. [다시 말하자면] 전의 반한을 [그대로] 가지고 돌아가라
고 [귀국] 제왕님의 명령이 있었다는 것이고, 또 조정 측에서도 그대
로 하라는 명령이 있었다고 하는 것이지만 [그와 같은 명령의 존재
는] 참으로 의심스러운 점이다. 사자를 보낸 이상은 [그 요구를 듣는

것이 당연할 것이다.] 그 내용을 상신한 후에, 비로소] 부인가 아닌가, 이치에 맞는가 안 맞는가[의 판단을 내려야 할 것이다.] 그 일이 분명하게 되기 전에 [주진을 거절하며] 반한을 보이는 일도 없이, 그대로 가지고 돌아가도록 하라고 지시하는 법이 [과연 어디에] 있는 것일까요. [이렇게 되면] 비록 몇 년을 체류해서라도 그 일의 사실 여부를 듣지 않으면 [도저히] 돌아갈 수가 없습니다. 그저 오로지 울릉도를 삭제해 줄 것을 요구하고 있으니, 일단은 위와 같이 [부인가, 그렇지 않은가의] 반답도 있을 것이라고 [오로지 그것만] 기다리고 있겠다. 최전부터 말한 대로, 도저히 삭제할 수 없다라고,

相極候者其様子具今度之返簡ニ被仰聞候へと申事ニ候へハ唯今之通被
仰候儀弥難聞へ事候兎角者接慰官拙子論談にて相済儀ニ無之候右之趣
具ニ御注進被成候ハ、朝廷方御了簡可有御座候早々御返書参候様可被
仰登旨申達

決まったならば[その理由となる]様子を、具に今度の返簡にお入れ下さ
るよう、お伝え頂きたい。このように[最前から]申し入れを行ってい
た。[だから改めて、御返翰が有るものと信じていた。]だが唯今の通り
[やはり朝廷へは伝えない、そのまま持ち帰るようにと]申されたことは
[使者の努力を踏みにじるもので、これは]いよいよ聞くに耐えないこと
である。兎も角も、これは接慰官と拙者との論談で済むことでは無い。
右の趣旨を具に御注進に成られ[あらためて朝廷に]お伺いを立てて頂き
たい。朝廷方にも[また別途の]御考えが有ると思う。早々に御返書が参
るよう御報告を上げて頂きたい。このように[接慰官へ]申し伝えた。

정했으면 [그 이유가 되는] 내용을 자세히 이번의 반한에 넣어주시도
록 전해 주었으면 한다. 이처럼 [최전부터] 요구를 하고 있었다. [그러
므로 다시 반한이 있을 것으로 믿고 있었다.] 그러나 방금처럼 [역시
조정에는 전하지 않고, 그대로 가지고 돌아가도록 하라고] 말씀하신
것은 [사자의 노력을 짓밟는 일로, 이것은] 참으로 듣기 어려운 일이
다. 어쨌든 이것은 접위관과 졸자의 논담으로 끝낼 일이 아니다. 위의
취지를 자세히 주진하여 [다시 조정에] 물어보아 주었으면 한다. 조정
측에도 [또 별도의] 생각이 있을 것으로 생각한다. 빨리 반서가 올 수
있도록 보고를 올려 주었으면 한다. 이렇게 [접위관에게] 요구했다.

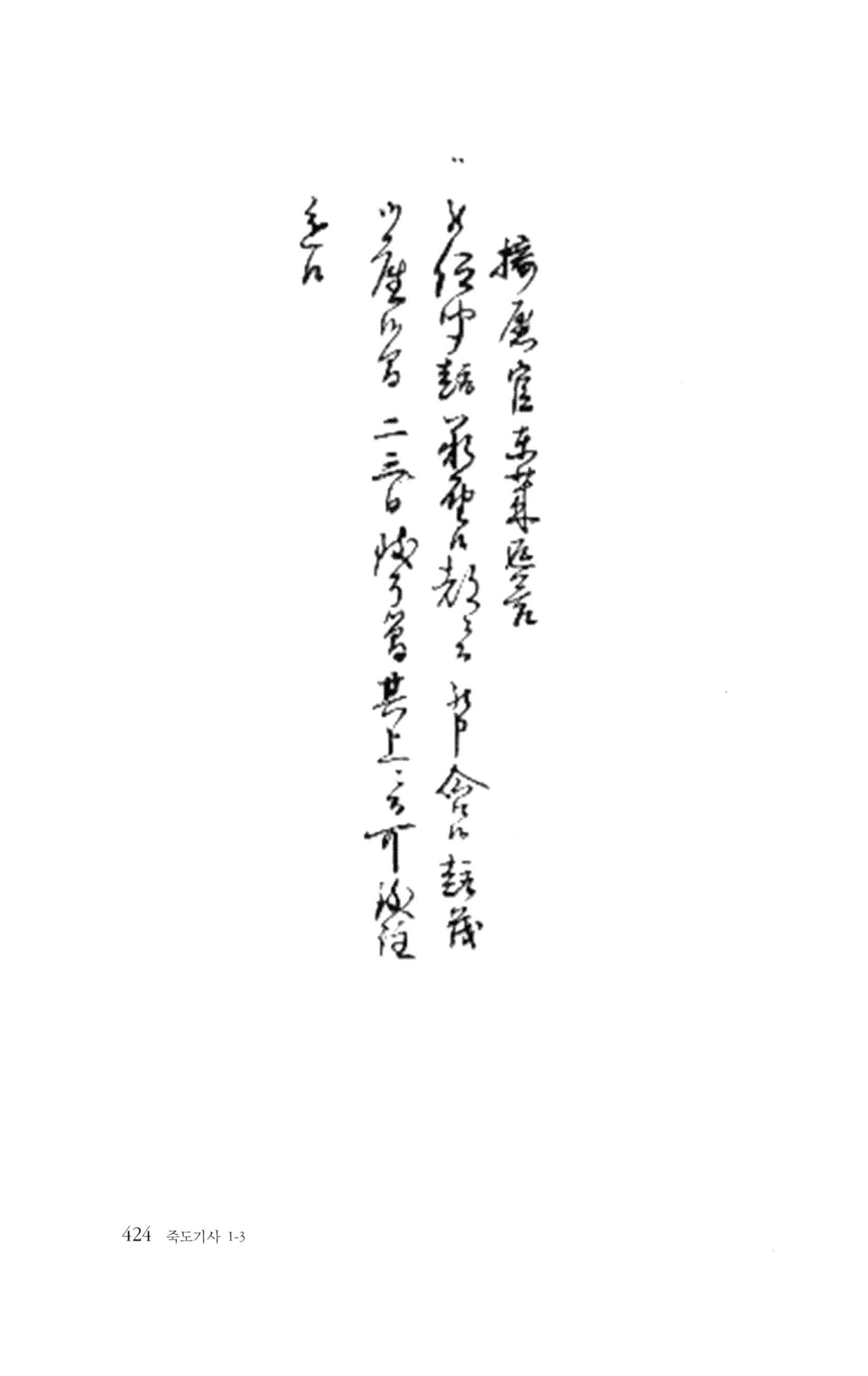

接慰官東莱返答

- 被仰聞趣承届候都〻而被申含候趣茂御座候間二三日致了簡其上〻
  而可致注進候

接慰官および東莱府使の返答

- お話し下さった御趣旨は承った。都から申し含められた趣旨もあ
  り、二、三日[拙者]思案を致し、その上で注進を致そうと思う。

접위관 및 동래부사의 반답

- 말씀하신 취지는 알았다. 도성에서 지시받은 취지도 있어, 2, 3일
  [졸자가] 생각하여, 그런 후에 주진하려고 생각한다.

正官口上

- 存入之儀御座候之間御馳走之儀御断申候茶礼翌日より御定之儀
  有之由承及候持来候を何角与申候而者無益之儀ニ候間用意無之様
  被仰付候へと申達

正官の口上

- もう御承知のことであろうが[この度の]御馳走のことは、御断り
  申し上げる。茶礼の翌日から、定例の[御馳走の]儀式が有るとの
  ことを承った。[わざわざ儀式として]持ち来たったものを[その
  儀式の場で]何かと申して[拒絶するようなことは礼儀にも外れ]
  無益のことである。だから[予め]用意をしないように[馳走役に]
  御命じになられたいと、このように申し伝えた。

정관의 구상

- 이미 알고 있는 일이겠지만 [이번의] 어치주의 일은 거절합니다.
  차례의 다음 날부터 정례의 [어치주] 의식이 있다는 것을 들었
  다. [일부러 의식을 위해] 가지고 온 것을 [그 의식의 장소에서]
  무어라고 말하며 [거절하는 것과 같은 일은 예의에도 어긋나] 무
  익한 일이다. 그러므로 [미리] 준비하지 않도록 [어치주역에게]
  명하여 주었으면 하고, 이와 같이 말하여 전했다.

接慰官東莱返答

- 他国之使者を請御馳走不申候与申例も無之儀〓候前方〓も御断之
  由〓而前

接慰官および東莱府使の返答

- 他国の使者[の訪問]を受け、そこで御馳走を出さないという例は
  無い。以前の訪問時にも御断りをなさった由で、前の

접위관 및 동래부사의 반답

- 타국 사자[의 방문]을 받고, 그곳에서 어치주를 내지 않는다고
  하는 예는 없다. 이전에 방문했을 때도 거절한 것 때문에, 전

接慰官不首尾之仕合ニ候罷下候節も能々御馳走申様ニ与被申渡候如何
様ニ有之而も御馳走御請不被成候而者為其ニ罷下候接慰官致迷惑事ニ候
弥快く請候様ニ与被申聞二三度回答候而相止候

接慰官は[面目を潰され]不首尾の具合に至った。[今回、拙者が都か
ら]罷り下る折にも、

　能く能く御馳走を致す様にと[朝廷から]申し渡されていた。どのよ
うな理由が有ろうと、御馳走を御受けして頂かなければ成らない。そ
の為に罷り下っている接慰官は、迷惑を致すことになる。間違いな
く、快くお受け下さるように[再度]申し入れる。このような応答が、
二、三度[繰り返され]その後は[拒否のままで]止まってしまった。

접위관은 [면목이 없어져] 좋지 않은 상황에 이르렀다. [이번에 졸자
가 도성에서] 내려올 때에도, 잘해서 어치주를 하도록 하라고 [조정에
서] 명받았다. 어떤 이유가 있다 해도 어치주를 받아주지 않으면 안
된다. 그것 때문에 내려와 있는 접위관은 곤란하게 된다. 틀림없이,
기분 좋게 받아주실 것을 [다시] 부탁한다. 이와 같은 응답이 2, 3회
[반복되다] 그 후는 [거부한 채로] 끝나버리고 말았다.

(21-12)

- 八月十一日朴同知朴僉知入館都船主裁判同道ニ而与左衛門方ヱ罷
出朴同知申候者当春之返翰是程能キ認様者無之儀ニ御座候を無御
了簡何角与又被仰越候趣朝廷方ニ茂対馬守様御思案被成候ハ、江
戸向者如何様ニも被仰上様有之事ニ候を

(21-12)

- 八月十一日、朴同知と朴僉知とが[草梁和館へ]入館してきた。都
船主と裁判が同道し、与左衛門方へ罷り出た。朴同知が[与左衛
門へ]申し上げた事は[以下のような事である。すなわち]当春の
返翰を拝見致しますと[実によく出来た返翰で]これ程のものは無
い程の、したため様でございます。それを御考えも無く、何か
と[異議を]又申し出られるということは[如何なものでございま
しょうか。]朝廷方でも[心配を致しております。まだ引き続き]
対馬守様が御思案に成っておられるのであれば、江戸に向けて
は、どのようにも報告できる事でございます。[当春の返翰をそ
のまま報告されては如何でしょうか。]

- 8월 11일에 박동지와 박첨지가 [초량화관에] 들어 왔다. 도선주
와 재판이 동도하여 요자에몬 쪽으로 갔다. 박동지가 [요자에몬
에게] 말한 것은 [이하와 같은 일이다. 즉] 올봄의 반한을 배견했
더니 [참으로 잘 된 서한으로] 이 정도의 것이 없을 정도로 정리
한 것이었습니다. 그것을 생각도 없이, 무어라고 [이의를] 다시
제기한다는 것은 [어찌 된 일입니까.] 조정 측도 [걱정하고 있습

니다. 아직도 계속해서] 쓰시마노카미 님이 걱정하고 계시는 것
이라면, 에도에 대해서는, 어떻게든 보고할 수 있는 일입니다.
[올봄의 반한을 그대로 보고하면 어떨까요.]

今度被仰越候趣還而不審ニ被存候朝鮮之心入具ニ被仰上公儀江疾与御聞
被成候者能御合点可被成事ニ候間幾重ニも御使者江申達当春之返簡御持
帰被成候様朝廷方被申候之由申聞候付一昨日茶礼之節接慰官江申入候
趣両人

今度[返翰の修正を]御申し出なさいました。だがそのような申し出の
趣旨では[朝廷方は]かえって御不審に思われることでしょう。[その
結果、戻って来る返翰には、逆に否の返答が明らかとなります。だ
から今のままで]朝鮮の心づかいを公儀へ具に御報告申し上げ、しっ
かりと[その旨を]御伝えすれば、能く御合点に成られる筈でございま
す。このことを幾重にも御使者へ申し上げます。どうぞ当春の返翰
を御持ち帰り下さい。そして朝廷方の申されたことを、どうぞお聞
き入れ下さい。一昨日の茶礼の折、接慰官へ申し出られた御趣旨
は、両人が

이번에 [반한의 수정을] 요구하셨습니다. 그러나 그와 같은 요구의 취
지로는 [조정 측은] 오히려 이상하게 생각하실 것입니다. [그 결과, 돌
아오는 반한에는, 오히려 부의 반답이 분명해집니다.] 그러므로 지금
까지의] 조선의 배려를 장군에게 자세히 보고하여, 제대로 [그 내용
을] 전달하면 잘 이해하실 것입니다. 이 일을 몇 번이고 사자에게 말
씀드립니다. 부디 올봄의 반한을 가지고 돌아가 주세요. 그리고 조정
측이 말한 것을 꼭 받아주세요. 그저께 있었던 차례에서 접위관에게
요구하신 취지는 두 사람이

今度被仰越候趣還而不審ニ被存候朝鮮之心入具ニ被仰上公儀江疾与御聞
被成候者能御合点可被成事ニ候間幾重ニも御使者江申達当春之返簡御持
帰被成候様朝廷方被申候之由申聞候付一咋日茶礼之節接慰官江申入候
趣両人取次能聞届候書簡之趣善悪を申ニ而無之候認様悪敷候而も真直
成儀ニ候者取次可被申候認様如何程宜敷候而も紛敷返簡難請取与申儀ニ
候朴同知疾与合点不参候与返答申候時朴僉知私具ニ可申候間御聞被成
候へ此程茂八右衛門殿柳左衛門殿江内々荒増御物語申入候今度於御国
我々宿ニ平田隼人殿其外何茂御出被仰聞候ハ今度朝鮮より之返簡ニ

取り次ぎを致し、能く伝え届けました。[その伝え届けた内容とは、
この度の]書簡の趣旨は、内容の善悪を言うものでは無く[書簡の形式
を論ずるものだというものでございました。]したため様が悪い状態
でも、真っ直ぐに成るようにすることが、取り次ぎとして行うべき
ものでございます。また、したため様は如何ほど宜しくても、紛し
い返簡は請け取ることが難しいと。そのようなことでございましょ
う。だが私は、どうしても[この新たな対馬の申し出は]合点が行か
ないのでございます。このように朴同知が返答している時[傍らの]朴僉
知が発言した。私が具に申しますので、どうぞ、お聞き下さい。こ
の程も、八右衛門殿や柳左衛門殿へ、内々のあらましのお話しをさ
せていただきました。私は今度[大殿様(宗義真)が御隠居なさるに付
き、退休使の一人として]御国を訪問致しました。その折、我々の宿
に平田隼人殿や、その外の方々が、お出で下さいました。そこでお
話し下さったことは、今度、朝鮮からの返簡に、

주선하여 잘 전해드렸습니다. [그때 전한 내용이란, 이번] 서간의 취지는 내용의 선악을 말하는 것이 아니라 [서간의 형식을 논하는 것이라고 말하는 것이었습니다.] 기록한 내용이 나쁜 상태라도, 똑바로 되게 하는 것이 주선하는 자가 행해야 하는 것입니다. 또 기록한 상황이 아무리 좋다 해도, 혼란스런 반한은 받기가 어렵다고 했다. 그와 같은 내용이었지요. 그러나 나는 아무래도 [이 새로운 쓰시마의 요구는] 이해가 가지 않는 것입니다. 이렇게 박동지가 반답하고 있을 때 [옆에 있던] 박첨지가 발언했다. 내가 자세하게 말할테니 잘 들어주세요. 이 정도도 하치에몬 님이나 야나기자에몬 님에게, 대개의 내막을 말씀드렸습니다. 나는 이번에 [오오토노사마(소우 요시자네)가 은거하실 때 퇴휴사의 한 사람으로] 귀국을 방문했습니다. 그때 우리들의 숙소에 히라타 하야토 님과 그외의 여러분이 와 주셨습니다. 그곳에서 말씀해 주신 것은 이번에 조선에서 보낸 서간에,

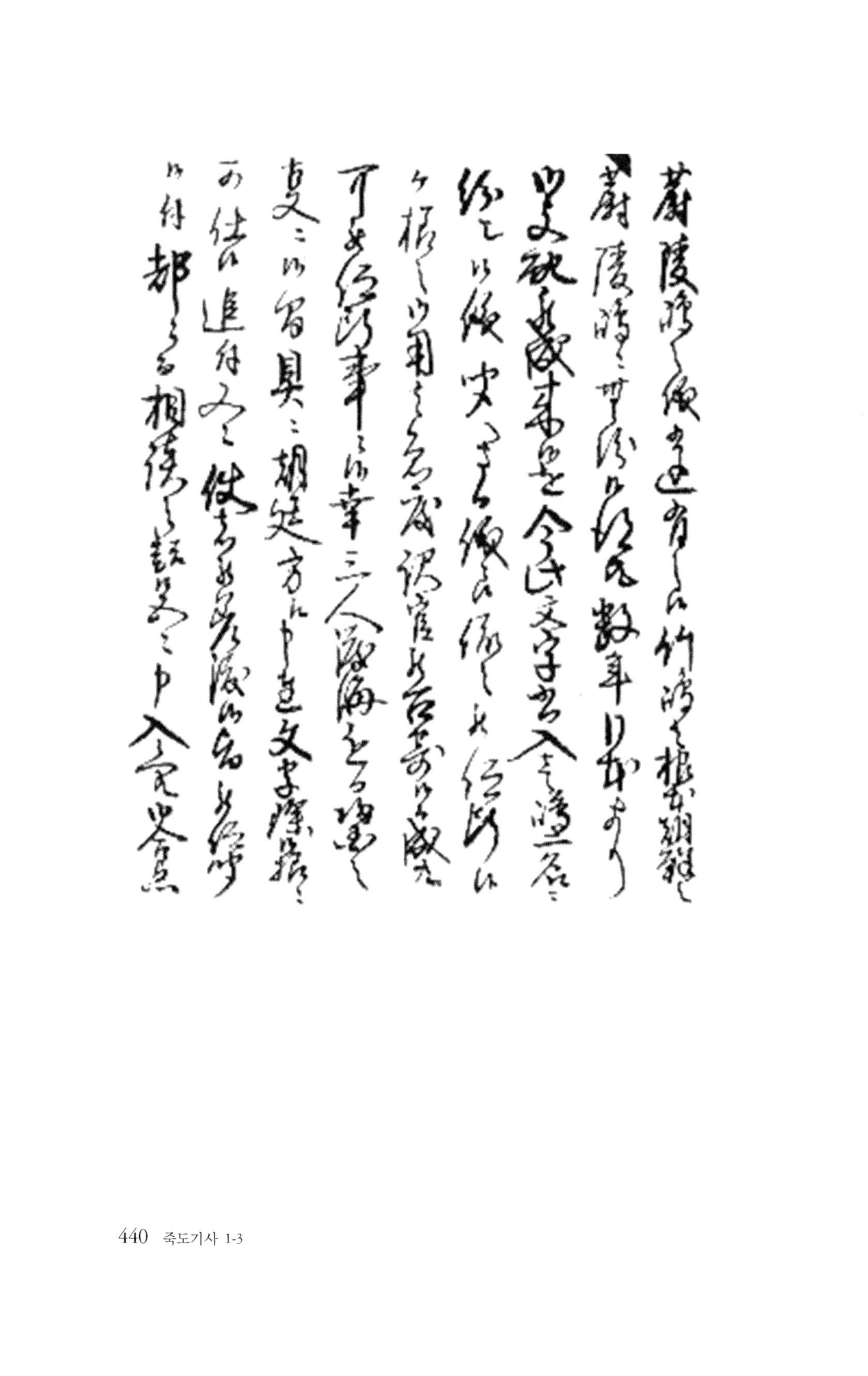

蔚陵嶋之儀書込有之候竹嶋者根本朝鮮之蔚陵嶋ニ無紛候得共数年日本
より御支配被成来候を今此文字書入壱嶋二名ニ紛レ候儀聞へたる儀ニ候
依之被仰断候ヶ様之御用者急度訳官被召寄候而成共可被仰断事ニ候幸
三人渡海近日帰国之事ニ候間具ニ朝廷方江申達文字除候様ニ可仕候追付
又々使者被差渡候旨被仰聞候付都ニ而相談之趣色々申入候へ共御合点

蔚陵嶋のことが書き込んで有る。竹嶋は、根本は朝鮮の蔚陵嶋に紛
れも無いことであるが、この数十年来、日本の御支配に成って来た
島である。それを今、此の文字を書き入れ、一島を二名に紛らすよ
うな事になったことは[朝鮮の側の]公然たる策略であると、このよう
に断言なさいました。[この発言に対し、私が答えたことは]このよう
な御用は、しっかりと[それ相応の]訳官を召し寄せられ、その上で
[正式に]お話し下さるべき事でございます。幸い三人が渡海し、近日
中にも帰国の途に就く予定でございますから[この事を]具に朝廷方へ
申し伝え、文字を除くよう努力を致したいと存じます。追っ付け
又々[対馬から朝鮮へ]御使者が差し遣わされることを聞きました。
[その御使者によって、新たな交渉がなされることでありましょう。
だが]都の相談に於いても、実に様々な意見があり[結局、蔚陵嶋の文
字を削除することについては]御合点には

울릉도의 일이 기입되어 있다. 죽도는, 근본은 조선의 울릉도임이 틀
림없는 일이나, 이 수십년 동안, 일본이 지배하게 된 섬이다. 그런데
지금 이 문자를 기입하여, 1도를 2명으로 하여 혼란스럽게 하는 일이
된 것은 [조선 측의] 공공연한 책략이라고, 이와 같이 단언하셨습니

다. [이 발언에 대해 내가 답한 것은] 이와 같은 용건은, 제대로 [그것에 맞는] 역관을 불러 두고, 그런 후에 [정식으로] 이야기해 주서야하는 일입니다. 다행이 3인이 도해하여, 근일 중에 귀국의 길에 오를예정이니까 [이 일을] 자세히 조정 측에 전하여, 문자를 삭제하도록노력하고 싶다고 생각합니다. 뒤이어서 [쓰시마에서 조선에] 사자가차견된다는 이야기를 들었습니다. [그 사자에 의해, 새로운 교섭이 이루어지는 일이 되겠지요. 그러나] 도성의 상담에도, 참으로 많은 의견이 있어 [결국, 울릉도라는 문자를 삭제하는 일에 대한] 합의에는

不被成候罷帰則一々朝廷方^江申達候処我国之蔚陵嶋与申儀万暦之出入
^二而御国^二能御存知為被成儀^二候然者今度程結構^二事之不出来様認候儀
御了簡可有之儀を還而又今度被仰越候趣常々之御誠信与不存候由朝
廷方被存込候此上者如何^二も我国之嶋之証拠を書立東武^江差上候者御
誠信を以重而竹嶋^二日本之通路御止被成間敷事^二而

至らないかもしれません。[そのようにお話しをさせて頂き、その後]
帰国に至りました。そして[御国のお申し出を]一つ一つ朝廷方へ申し
伝えました。すると[朝廷方の申すには]我が国の蔚陵嶋と言うのは、
万暦の出入り(光海君六年すなわち慶長十九年の外交交渉)によって、
御国にとっては、能く御存知の島である筈である。そのような島で
あるから、今度のように、これ程までに結構な[返翰が]出来上がり、
したためられた事は[当然ながら]御納得して頂くべきものである。
[そのような朝鮮側の配慮に反し、対馬の側は]かえって又、今度[新
たな]お申し出をなさって来た。これは常々[口にされる]御誠信と言
うことに相違する。それゆえ朝廷方は[対馬に対し、今や不信の念を]
抱くまでになった。この上は、如何にも我が国の嶋であるという証
拠を書き立て[直接]東武へ差し上げるべきであろう。そうすれば御誠
信を以て[東武は、この件を処理して下さるに違いない。すると]もう
二度と[日本漁民の欝陵嶋への渡海は無いのではないか。竹嶋が欝陵
嶋であることを、東武がお知りになれば]竹嶋に渡る日本の通路を、
御止めに成られ無い

(합의에는) 이르지 못할지도 모릅니다. [그렇게 이야기하고, 그 후에]

귀국하기에 이르렀습니다. 그리고 [귀국의 제안을] 하나하나 조정 쪽에 전했습니다. 그러자 [조정 측이 말하기를] 우리나라의 울릉도라고 하는 것은 만력의 출입(광해군 6년 즉 케이쵸우 19년의 외교교섭)으로, 귀국은 잘 아는 섬이기 마련이다. 그러한 섬이므로, 이번처럼, 이 정도까지 좋은 [반한이] 만들어져 기록된 것은 [당연히] 납득해야 하는 것이다. [이와 같은 조선 측의 배려에 반하여 쓰시마 측은] 오히려 다시, 이번에 [새로운] 요구를 해왔다. 이것은 항상 [입으로 말하는] 성신이라는 것에 위배된다. 그렇기 때문에 조정 측은 [쓰시마에 대해, 지금은 불신의 마음까지] 품게 되었다. 이런 이상은 아무래도 우리나라의 섬이라고 하는 증거를 기록하여 [직접] 동무에 바쳐야 할 것 같다. 그렇게 하면 성신으로 [동무는 이 건을 처리하여 주실 것이 틀림없다. 그러하면] 두 번 다시 [일본어민의 울릉도의 도해는 없게 되는 것 아닌가. 죽도가 울릉도라는 것을 동무가 알게 되면] 죽도에 건너는 일본의 통로를 금지시키지 않을

無之候若外ニ又被仰聞儀候ハ、其時之仰ニより幾度も申上様可有之候
与相談決定仕居候処今度之御書簡蔚陵嶋之文字除候へと斗御書載壹
嶋二名之儀相見へ不申候付訳官[江]被仰含候趣与御書簡致相違候間御直
シ被成候様ニ接慰官[江]被申渡候与去七日八右衛門柳左衛門[江]呦候通具ニ
申聞候付致返答候ハ段々申聞候通承届候竹嶋古朝鮮之内ニ而慥成証拠
有之とて

　篔は無い。もしも他に、又[東武から]お話しがあれば、その時のお話
しの具合により、幾度でも、これに応じ、こちらからお話しを申し
上げることもできる。このように[朝廷方では]相談が決定致しており
ました。そのような処に、今度の御書簡[が到来したのでございま
す。]蔚陵嶋の文字を、ただ取り除くようにと、そのことばかりを御
書き載せになり、一島が二名となっている問題などを記すことはご
ざいませんでした。対馬に於いて訳官へ申し渡した御趣旨と、この
新たに届けられた御書簡の御趣旨とは[その根本のところで大きく]相
違いたします。[今回のものは、ただ蔚陵嶋の文字を除いた返翰に]御
直しするよう[ただそれだけを]接慰官に申し込んでおられます。[こ
れは一島二名である現実に目をつぶるものです。このように朴僉知
は話すのであった。これに対し多田与左衛門が答えたことは、次の
ようなことである。]去る七日[両訳官が]八右衛門や柳左衛門へ話し
た通りのことを、そのまま具に[拙者は]聞いた。そして、それに対し
返答を致したことは、順々に申し聞かせた通りで[そちらにも]届いた
ことであろう。竹嶋は、古くは朝鮮の内という確かな証拠が有るか
らといって[それを以て、只今]

리가 없다. 만일 달리, 다시 [동무에서] 이야기가 있으면, 그때의 이야기 상황에 따라, 몇 번이고, 이것에 응하여, 우리 쪽에서 이야기하는 일도 할 수 있다. 이와 같이 [조정 측에서는] 상담이 결정되어 있습니다. 그와 같은 상황에서, 이번의 서간[이 도래한 것입니다.] 울릉도라는 문자를 그저 삭제하도록 하라고, 그것만을 기재하여, 1도가 2명으로 되어 있는 문제 등을 기록하는 일은 없었습니다. 쓰시마에서 역관에게 이야기해 주었던 취지와, 이번에 새로 도착한 서간의 취지와는 [그 근본이 크게] 다릅니다. [이번의 것은 그저 울릉도라는 문자를 삭제한 반한으로] 바꾸라고 하는 [오직 그것만을] 접위관에게 요구하고 계십니다. [이것은 1도 2명인 현실에 눈을 감는 것입니다. 이렇게 박첨지가 이야기했다. 이에 대해 타다 요자에몬이 답한 것은 다음과 같은 것이다.] 지난 7일에 [양 역관이] 하치에몬이나 야나기자에몬에게 이야기한 것과 같은 것을, 그대로 자세히 [졸자는] 들었다. 그리고, 그것에 대해 반답을 한 것은, 순차적으로 이야기한 그대로이고 [그쪽에도] 제출되었을 것이다. 죽도는 옛날에는 조선 안에 있는 것이라는 확실한 증거가 있다고 해서 [그것을 가지고, 바로 지금]

日本之御支配ニ成間敷ニ而無之候土地之変ハ其時〻より如何様ニも可
移替候夫程慥成朝鮮之嶋ニ而候ハ〻油断候而日本より御支配被成候様
ニ者被致候哉是ハ申立候程朝鮮之外聞悪敷ニ而候乍然少〻心得ニよって
大ニ了簡違事有之候今度之儀対馬守殿より嶋之争被致ニ而曾而無之候
此方より被申越候趣意者御返答ニ蔚陵嶋之文字見^江候儀

日本の御支配に成っていないようなことは無い[今もまだ朝鮮の内だ
と]そのような事までは言えない。土地の変化は、その時々によっ
て、どのようにでも移り替るものだからである。それほど確かな朝
鮮の島と言うのであれば、油断して日本から御支配を受けるような
ことには[そもそも]成らなかった筈である。これは言い立てる程、朝
鮮にとって外聞の悪い事になるであろう。然しながら、少々の心得
違いによって、やがて大いに了簡違いの事が生じるのは常のことで
ある。つまり今度のことは対馬守殿から島の争いを始めたことでは
毛頭ない。こちらから申し出たことの趣意は[島の争いではない。]た
だ御返翰の中に、蔚陵嶋の文字が見えることを[指摘しただけで]

일본의 지배로 되어 있지 않다는 것과 같은 일은 없다. [지금도 역시
조선 안이라고] 그와 같이는 말할 수 없다. 토지의 변화는, 그때에 따
라, 어떻게든지 변화하기 때문이다. 그만큼 분명한 조선의 섬이라면,
유단하여 일본의 지배를 받게 되는 것과 같은 일은 [애당초] 되지 않
았을 것이다. 이것은 주장할 수록, 조선에게는 평판이 나쁜 일이 될
것이다. 그러나 자그마한 오해로, 결국은 크게 생각지 못한 일이 생기
는 것은 흔한 일이다. 즉 이번의 일은 쓰시마노카미 님이 섬의 분쟁

을 시작할 생각은 조금도 없다. 이쪽에서 요구한 일의 의미는 [섬의 다툼이 아니다.] 그저 반한 속에 울릉도가 보이는 것을 [지적한 것일 뿐으로]

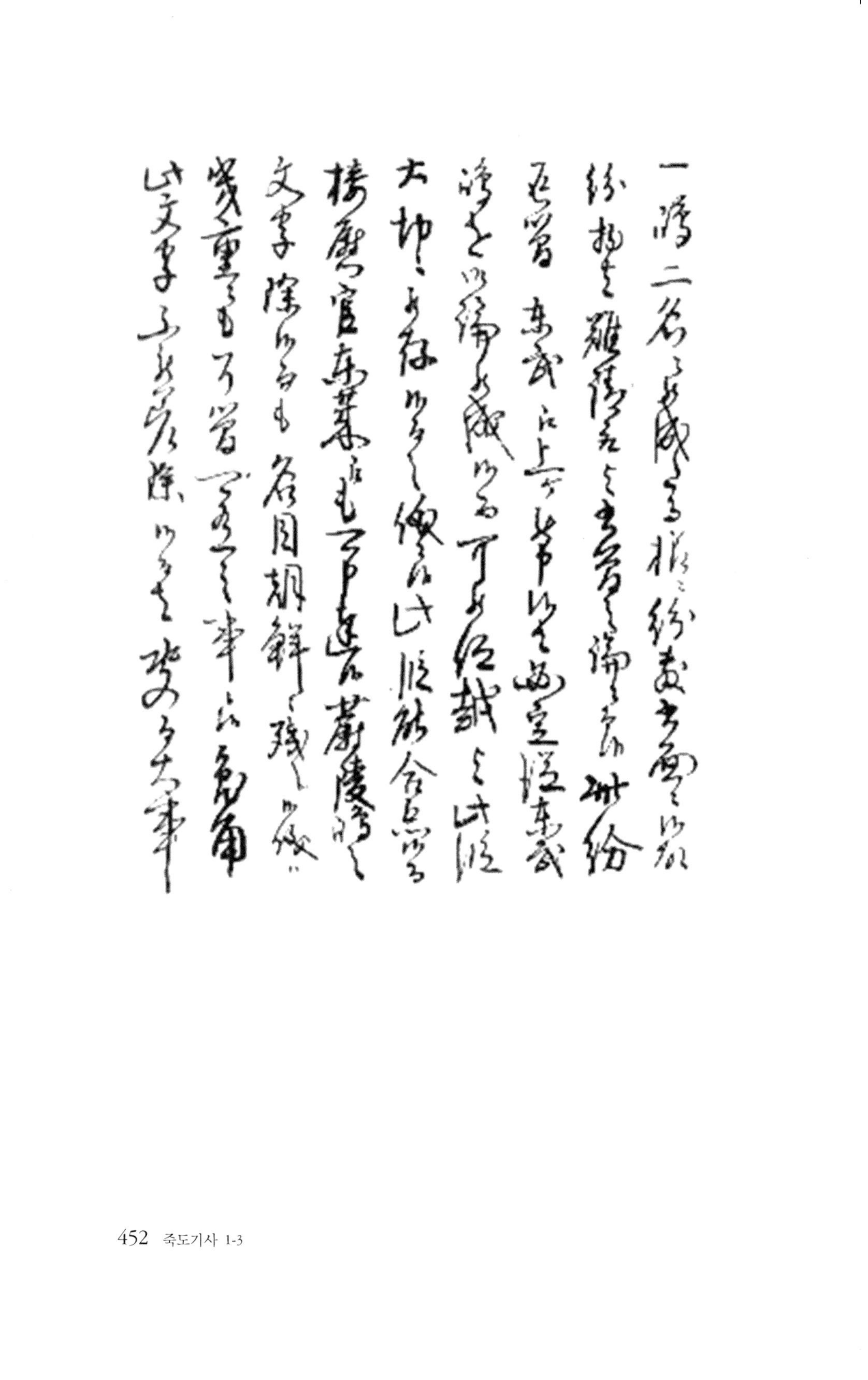

一嶋二名ニ被成たる様ニ紛敷書面ニ候故紛物者難請取与書簡之論ニ而候
此紛返簡東武江上ケ被申候者必定従東武嶋を御論被成候而可被仰越与
此段大切ニ被存候而之儀ニ候此段能合点候而接慰官東莱江も可申達候蔚
陵嶋之文字除候而も名目朝鮮ニ残ゝ候儀ハ幾重ニも了簡可有之事ニ候兎
角此文字不被差除候而者決而大事

一島を二名とした紛らわしい書面であるため、紛らわしい物は受け
取り難いと、書簡の論として[字義の面から]申し出ただけのことであ
る。このような紛らわしい返簡であれば、東武へ上申の際、必ずや
東武から、この島について[どのような島かを]論議され[直接の使者
が]派遣されるようになる。そのような段階に至れば、大変な事にな
ると思うから、このように申すのである。この[配慮の]ことを能く合
点して頂きたいと、このような事を、接慰官および東莱府使へ申し
伝えた。蔚陵嶋の文字を[書簡から]除いても、島の名目を朝鮮に残し
置くことは、幾重にも思案し、その対策にしても、充分に可能な事
である。[それに対し]兎も角も、この文字を差し除かなくては、必ず
や大事が、

1도를 2명으로 하여 혼란스러운 서면이기 때문에, 혼란스러운 것은
받기 어렵다고, 서간의 논으로 해서 [자의의 면에서] 요구했을 뿐이
다. 이처럼 혼란스러운 서간이라면 동무에 상신할 때, 반드시 동무에
서, 이 섬에 대해 [어떤 섬인가를] 논의하여 [직접보내는 사자가] 파
견되게 된다. 그와 같은 단계에 이르면 큰일이 날 것으로 생각하기
때문에, 이와 같이 말하는 것이다. 이 [배려하는] 것을 잘 이해하여 주

었으면 좋겠다고, 이와 같은 일을 접위관 및 동래부사에 전했다. 울릉도라는 문자를 [서간에서] 삭제해도, 섬의 명목을 조선에 남겨두는 일은, 거듭 생각하여, 그 대책으로 해도, 충분히 가능한 일이다. [그것에 대해] 어쨌든 문자를 삭제하지 않으면, 반드시 큰일이

此節ニ候由申達候処蔚陵嶋之文字除候儀ハ決而無之事ニ候由申候付接
慰官江茶礼之節申渡候様御除不被成御了簡之上ハ如何様ニも蔚陵嶋御
書込之専立候様ニ有之候ヘハ埒明事ニ候由申候ヘハ接慰官能被致合点
候間具ニ被致注進候ハ、定而冝申参候下書可掛御目候間御了簡被成候
ヘと申ニ付蔚陵嶋之文字不除返簡ニ候ヘハ我等心ニ冝存候而も

この折に生じてくる。[こちらの方が朝鮮にとっては、遥かに重大な
事であると]このように申し伝えた。だが蔚陵嶋の文字は決して除く
ことはしないと[あくまでも朝鮮方は]主張する。接慰官に[直接]茶礼
の節[この文字を除くよう]申し入れを行った。だがやはり御除きには
成られないという。そのような御考えの上のことであれば、どのよ
うにも蔚陵嶋を御書き込みし、御自由になされればよい。そうなれ
ば、事は明白となってくるであろう。[今後、困るのは朝鮮の方であ
ると]そのように申し伝えた。接慰官は能く合点なされていたから、
具に[都に]注進なされるであろうし、きっと宜しく申し伝えることで
あろう。[接慰官は、今回、持ち渡った対馬からの書簡に対し、これ
を注進致し、御返事となる返簡の]下書きを、お目に掛けたいと思う
と[そのようにも語っておられた。その為には]先ず御所存について、
お話し下されと、そのように[こちらに]申し出てくれた。だが蔚陵嶋
の文字を取り除かない御返翰[がある限り、別途の御書簡が如何に]我
等の心に宜しくても、

이번에 생겨난다. [이런 일이 조선에게는 훨씬 중대한 일이다라고] 이
와 같이 전했다. 그러나 울릉도의 문자는 결코 삭제하는 일은 하지

않는다고 [어디까지라도 조선 측은] 주장한다. 접위관에게 [직접] 차례 때에 [이 문자를 삭제할 것을] 요구를 했다. 그러나 역시 삭제할 수 없다고 말했다. 그와 같은 생각이라고면, 어떻게든 울릉도를 기입하고 마음대로 하면 된다. 그렇게 되면 일은 명백해지게 될 것이다. [이후 곤란한 것은 조선 측이다라고] 그렇게 말을 전했다. 접위관은 잘 이해하고 있으므로, 자세히 [도성에] 주진할 것이고, 틀림없이 잘 전할 것이다. [접위관은 이번에 가지고 건넌 쓰시마의 서간에 대해, 이것을 주진하여, 회답이 되는 반한의] 초안을 보고 싶다고 생각한다고 [그렇게도 말하고 계셨다. 그러기 위해서는] 먼저 생각하는 것에 대해, 말씀해 달라고, 그와 같이 [이쪽에] 요구하였다. 그러나 울릉도라는 문자를 삭제하지 않은 반한[이 있는 한, 별도의 서간이 아무리] 우리들의 마음에 든다 해도

江戸^江不申越候ヘヽ難成候下書為見候程之事ニ候ヘヽ対馬守殿望も有
之候ハ、幾重にも直シ可申与之朝廷方心入ニ而無之候ヘヽ下書被見候
而茂相談与申無専事ニ候爰を能合点候哉与申聞候処御相談之御心入ニ
御座候ヘヽ朝廷方茂何異儀之心可有御座哉直りかたき事も御相談可
被申与存候由申聞ル

それを江戸へ申し伝えることはできない。[正官としての交渉として
は]成り難いものである。[今回の返簡についても、予め下書きを示す
からといって、それで期待できるものではない。所詮]下書きを見せ
る程度の事でしかないであろう。対馬守殿の要望に対し、幾重にも
お直しすると[言いつつ]そのような朝廷方の心づかいなどは皆無であ
る。それゆえ[たとえ]下書きを見せてもらっても、相談と申すような
ものでは無く[あちらにとって]思いのままのものであろう。この所を
能く御合点なさって下さいなどと申してくるのは、御相談の御心づ
かいではあるが、朝廷方にとって何ら異儀の無い事で[こちらにして
見れば]直り難い事なのである。そのような直り難い事も[懇ろに]御
相談して下されば[相談に乗ると言うが]そのように申すことばかり
を、ただ[むなしく]聞くばかりの事である。

그것을 에도에 전달하는 것은 할 수 없다. [정관의 교섭으로는] 하기
어려운 일이다. [이번의 반한에 대해서도] 미리 초안을 보인다고 해
서, 그것으로 기대할 수 있는 일이 아니다. [결국] 초안을 보이는 정도
의 일로 끝날 것이다. 쓰시마노카미님의 요망에 대해 몇 번이고 고친
다고 [말하면서도] 그와 같은 조정 측의 배려 등은 전혀 없다. 그렇기

때문에 [설령] 초안을 보여준다 해도, 상담이라고 말할 수 있는 것은 아니고 [저쪽에서] 생각하는 대로의 것일 것이다. 이것을 잘 이해하여 주세요라고 말하는 것은, 상담의 배려이기는 하지만, 조정 측에는 아무런 이의가 없는 일로 [이쪽으로서는] 고치기 어려운 일이다. 그와 같이 고치기 어려운 일도 [성의껏] 상담하여 주시면 [상담에 응한다고 말하지만] 그렇게 말하는 것만을, 그저 [허무하게] 듣기만 하는 일이다.

(21-13)

• 此時彼方より之手段一嶋二名与申事を先御使者之口より申出さ
せ候主意ニ候誠以恐るへき事ニ候所其心付無之一筋ニ訳官を叱り
付ケ候勢を以相済〻〆候存寄与相見江候惣而人々朝鮮人を鈍なる

(21-13)

• この[外交交渉の]時、あちらからの手段は、一島を二名として語り
合う事を、先に[こちらの]御使者の口から言わせようとしていた。
この主意[の用意周到さ]は[外交交渉に於いて]誠に以て恐るべき事
であった。そのような心掛けの無い[こちらの正官は、ただ]一筋に
訳官を叱り付けるだけ[の拙劣な外交交渉の手法]であった。勢いを
以て相済ませようとするだけで[合意に持ち込むだけの説得力のあ
る遣り方ではなかった。そのような虚勢の姿勢を、相手は]よく承
知し、とっくに見抜いていた。惣じて人々は、朝鮮人を鈍なる

(21-13)

• 이 [외교교섭을] 할 때, 저쪽의 수단은, 1도를 2명으로 해서 이야
기할 것을, 먼저 [이쪽의] 사자 입으로 말하게 하려 했다. 이 주
의[의 용의주도함]은 [외교교섭에 있어] 참으로 무서운 일이었다.
그와 같은 마음가짐이 없는 [이쪽의 정관은 그저] 한결같이 역관
을 꾸짖기만 하는 [졸열한 외교교섭의 수법]이었다. 세력으로 해
결하려고 할 뿐이지 [합의로 이끌 만한 설득력이 있는 방법은 아
니었다. 그와 같은 허세를 상대는] 잘 알고, 이미 간파하고 있었
다. 대체로 사람들은 조선인을 둔한

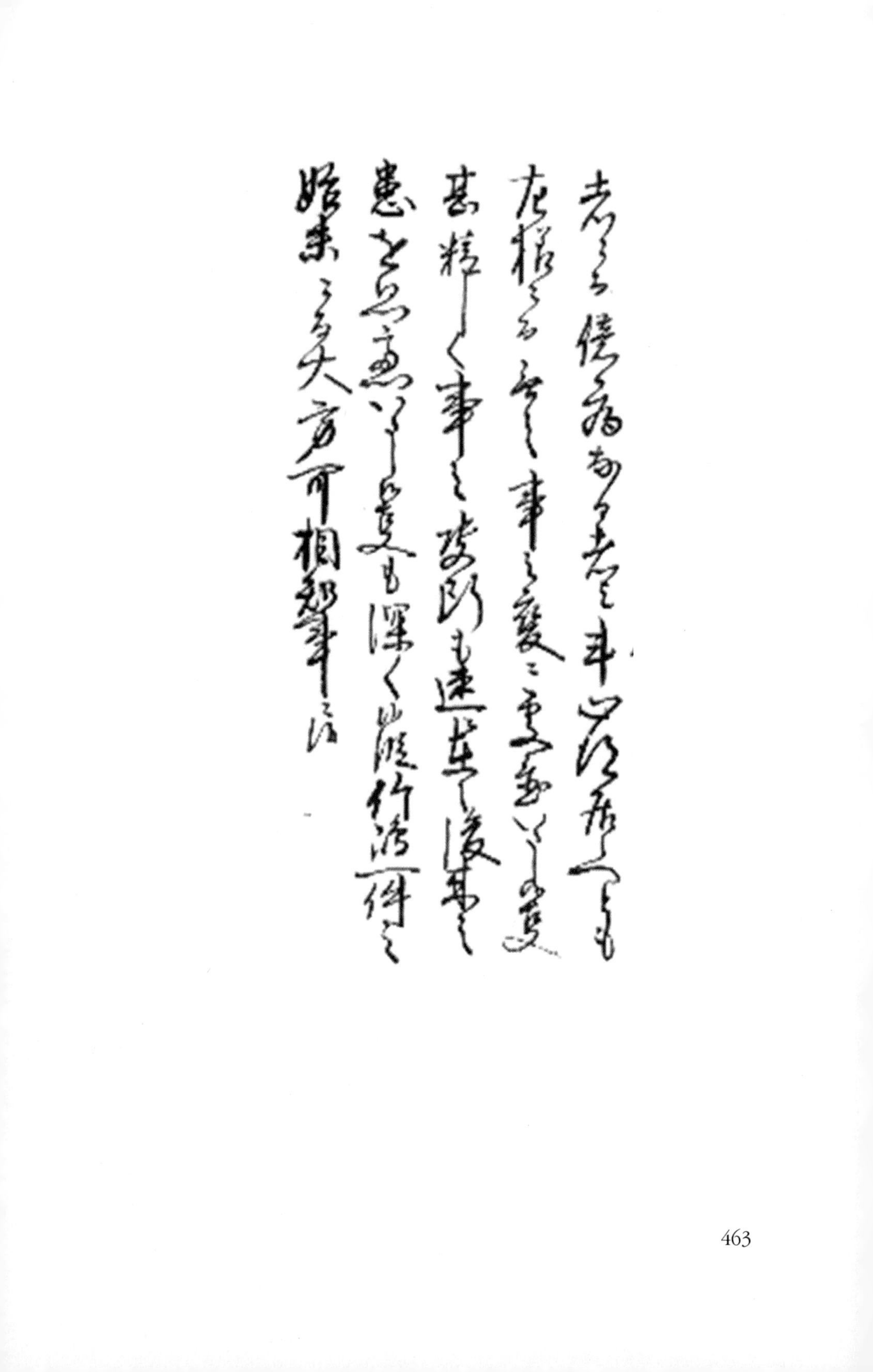

者゠而億病なる者与斗心得居候へとも左様゠而無之事之変゠処置いたし
候事甚精しく事之決断も速゠在之後来之患を思慮いたし候事も深く候
段竹嶋一件之始末゠而大方可相知事゠候

者で、億病なる者とばかり心得ている。だが、そうでは無い。事が
変事に至れば[彼らは適切に]処理をする。その折には、事に関しては
甚だ精しく、事の決断も速やかである。後に来る患いを、予め思慮
しておく事も、なかなかのもので、実に思慮深く、心くばりが行き
届いている。竹嶋一件の始末によって、この[彼らのしたたかさ]その
事の大方を知ることとなった。

자이고, 겁이 많은 자라고만 알고 있다. 그러나 그렇지 않다. 일이 이
상하게 되면 [그들은 적절히] 처리한다. 그때는, 일에 대해서는 매우
자세하고 결단도 빠르다. 후에 오는 우환을 미리 생각해 두는 일도
대단한 것으로, 참으로 사려가 깊고 배려가 널리 미친다. 죽도일건의
경과를 통해, [그들의 강인함]의 대개를 아는 일이 되었다.

註1、接慰官の姓名

接慰官の名は兪集一、司憲府掌令で正四品の官職にある人物である。司憲府とは諸官吏の糾察、風俗の矯正、冤抑の解決、時政の論評などに関する業務を管掌する。その長官は大司憲(従二品)、次官は執義(従三品)、三等官は掌令(正四品)、四等官は持平(正五品)、五等官は監察(正六品)である。

접위관의 성명

접위관의 이름은 유집일, 사헌부 장령으로 정4품의 관직에 있는 인물이다. 사헌부란 제 관리의규찰, 풍속의 교정, 원억의 해결, 시정의 평론 등에 관한 업무를 장악한다. 그 장관은대(종2품), 차관은 집의(종3품), 3등관은 잘령(정4품), 4등관은 시평(정5품), 5등관은 감찰(정6품)이다.

註2、国忌(こくき/こっき/こき)

毎月八日は厳有院(徳川家綱)の忌日で、将軍がその霊廟に参詣するか、代参を派遣するかの例であった。家綱は延宝八年(一六八〇)五月八日に他界した。

국기

매월 8일은 겐유우인(토쿠가와 이에쓰나)의 기일로, 장군이 그 영묘를 참예하는데, 대리를 파견하는 것이 상례였다. 이에쓰나는 엔호우 8(1860)년 5월 8일에 타계했다.

권오엽(權五曄)

忠南大学校 人文大学 명예교수
1945년 全北 井邑 생

群山高等学校, 서울教育大学校, 国際大学校, 北海道大学校,
東京大学校 学術博士(広開土王碑文과 東아시아의 天下思想)

일본의 가요, 한일건국신화, 광개토왕비문에 관한 논문 다수

『日本漫想』, 『広開土王碑文의 世界』, 『隠州視聴合紀』, 『元禄覚書』, 『독도와 안용복』.
『控帳』, 『古事記』(上·中·下), 『好太王碑論争의 解明』, 『広開土王碑文의 研究』, 『独島』,
『独島와 竹島』, 『古事記와 日本書紀』, 『日本의 独島論理』, 『일본은 독도를 이렇게 말한다』,
『岡嶋正義古文書』, 『竹島渡海由来記抜書控』(상·하), 『죽도 및 울릉도』

주소 大田直轄市 儒城区 盤石洞 622 盤石아파트 5단지 505동 2202호
메일 dongsana@hanmail.net

오오니시 토시테루(大西俊輝)

1946년 島根県隠岐郡西郷町(現 隠岐의 島町)生
島根県立隠岐高等学校, 大阪大学医学部, 脳神経外科専門医, 医学博士
大阪国学院 通信教育部 卒業, 神職資格(権正階),
大阪市立大学大学院大学 都市情報部卒業
現在 (医)厚生医学会理事長
　　　(社福)厚生博愛会理事長
　　　隠岐国 原田向山 大山神社 宮司

『레이져 医学의 臨床』, 『Illustrated Laser Surgery』, 『山陰沖의 古代史』, 『山陰沖의 幕末維新
動乱』, 『人肉食의 精神史』, 『柿本人麻呂와 아들 躬都郎』, 『隠岐는 絵島, 歌島』, 『日本海와
竹島』, 『心의 誕生』, 『水若酢神社』, 『続日本海와 竹島』, 『隠州視聴合紀』, 『元禄覚書』, 『竹
島渡海由来記抜書控』

竹島紀事

죽도기사 1-3

초판인쇄 | 2011년 9월 5일
초판발행 | 2011년 9월 5일

편 역 주 | 권오엽 · 오오니시 토시테루
펴 낸 이 | 채종준
펴 낸 곳 | 한국학술정보㈜
주　　소 | 경기도 파주시 문발동 파주출판문화정보산업단지 513-5
전　　화 | 031) 908-3181(대표)
팩　　스 | 031) 908-3189
홈페이지 | http://ebook.kstudy.com
E-mail | 출판사업부　publish@kstudy.com
등　　록 | 제일산-115호(2000. 6. 19)

ISBN　　978-89-268-2559-4 94380 (Paper Book)
　　　　978-89-268-2560-0 98380 (e-Book)
　　　　978-89-268-2138-1 94380 (Paper Book Set)
　　　　978-89-268-2139-8 98380 (e-Book Set)

내일을여는지식 은 시대와 시대의 지식을 이어 갑니다.